高等院校土建类专业"互联网+"创新规划教材

土木工程概论

(第 2 版)

主　编　邓友生
副主编　任文渊　周志军
　　　　张　岩

北京大学出版社
PEKING UNIVERSITY PRESS

内 容 简 介

本书主要针对土木工程专业所设置的"土木工程概论"课程而编写，目的是普及土木工程专业基础知识及为土木工程专业本科低年级学生选择进入高年级的专业方向提供帮助。本书的主要内容有绪论、土木工程材料、地基与基础工程、建筑工程、交通土建工程、地下工程、水利水电工程、给水排水工程与暖通工程、土木工程施工与爆破及项目管理、土木工程防灾与建筑物加固及平移、现代土木工程与计算机技术等。

本书可作为普通高等院校土木工程专业学生的教材，也可作为其他相关专业学生及人员的学习参考用书。

图书在版编目(CIP)数据

土木工程概论 / 邓友生主编. --2版. --北京：北京大学出版社，2024.8. --（高等院校土建类专业"互联网+"创新规划教材）. --ISBN 978-7-301-35505-3

Ⅰ.TU

中国国家版本馆 CIP 数据核字第 2024PV8217 号

书　　名	土木工程概论（第2版）
	TUMU GONGCHENG GAILUN（DI-ER BAN）
著作责任者	邓友生　主编
策划编辑	卢东　吴迪
责任编辑	卢东　吴迪
数字编辑	金常伟
标准书号	ISBN 978-7-301-35505-3
出版发行	北京大学出版社
地　　址	北京市海淀区成府路205号　100871
网　　址	http://www.pup.cn　新浪微博：@北京大学出版社
电子邮箱	编辑部 pup6@pup.cn　总编室 zpup@pup.cn
电　　话	邮购部 010-62752015　发行部 010-62750672　编辑部 010-62750667
印刷者	河北文福旺印刷有限公司
经销者	新华书店
	787毫米×1092毫米　16开本　14.75印张　354千字
	2012年7月第1版
	2024年8月第2版　2024年8月第1次印刷
定　　价	45.00元

未经许可，不得以任何方式复制或抄袭本书之部分或全部内容。
版权所有，侵权必究
举报电话：010-62752024　电子邮箱：fd@pup.cn
图书如有印装质量问题，请与出版部联系，电话：010-62756370

前言

第2版

土木工程概论是一门综合概括土木工程领域中主要涉及的基础学科与专业学科的启发性的引导书籍，作为教材则主要针对高校土木工程专业大学一年级新生开设，而非土木工程专业则可在大学任一学期开设。

本次修订是对第1版的相关内容进行修改和补充，全体参编人员对全书字斟句酌，并适当补充一些新内容，力求反映国内外土木工程学科的最新科研成果与工程实践。其主要工作如下。

第1章：第1.2节中土木工程的类型进行重新划分补充；第1.3节中增加了港珠澳大桥的介绍。原第2章"城市规划与建筑设计"删除，其他章节顺序重新调整。第3章：第3.2节浅基础和3.3节深基础的主要内容和图片进行了重新编写和绘制。第4章：第4.1节结构体系部分删除；第4.1节和4.3节的主要内容进行重新编写和排版，增加"两层建筑"内容。重新编写第5章"交通土建工程"：增加了"路基悬锚式新型挡土墙"内容到第5.1节里的特殊结筑物部分；增加了交通标志照片，把"桥梁工程""机场工程"和"港口工程"并入第5章。重新编写第6章"地下工程"和第8章"给水排水工程与暖通工程"内容。第7章的第7.2节修改了水电建筑物的作用。新增"土木工程施工"和"土木工程爆破"内容，与原来"工程建设项目管理"合并为第9章"土木工程施工与爆破及项目管理"。其他章节内容均有修改，在此不再一一赘述。此外，为了紧跟学科前沿，兼顾教材的可读性与趣味性，新增"山顶上的水库""发光混凝土""第五代住宅""全球最快高速磁浮列车""全国第一爆——西安环球中心大楼爆破"等一些科普性质的阅读材料，故本书可作为科普读物。

资源索引

本书由邓友生教授组织西安科技大学和西北农林科技大学与陕西理工大学的教师共同编写，具体章节分工如下：西安科技大学邓友生编写第1章、第2章、第3章、第4章、第5章、第7章、第9章和第10章；西北农林科技大学任文渊编写第6章；陕西理工大学周志军编写第8章；西安科技大学张岩编写第11章；全部阅读材料均由邓友生撰写。全书由邓友生统稿并修改。博士研究生姚志刚和孟丽青，硕士研究生张克钦、李文杰、马二立、宋虔、庄子颖和吴阿龙在文字录入与图形编辑上做出大量工作，在此深表谢忱！

由于编者学识有限，书中错漏之处在所难免，恳请来函指正。

邓友生

2024年1月

目 录

第1章 绪论 …………………… 1

1.1 土木工程的含义 …………… 2
1.2 土木工程的类型 …………… 2
1.3 土木工程的历史及展望 …… 3
    1.3.1 古代土木工程 ………… 3
    1.3.2 近代土木工程 ………… 6
    1.3.3 现代土木工程 ………… 7
    1.3.4 土木工程展望 ………… 11
1.4 土木工程科学技术、工程师及执业许可 ………………………… 12
    1.4.1 土木工程科学技术 …… 12
    1.4.2 土木工程师 …………… 13
    1.4.3 土木工程执业许可 …… 15
本章小结 …………………………… 19
思考题 ……………………………… 19

第2章 土木工程材料 ………… 24

2.1 无机胶凝材料 ……………… 25
2.2 混凝土和砂浆 ……………… 27
    2.2.1 普通混凝土 …………… 27
    2.2.2 特殊混凝土 …………… 29
    2.2.3 砂浆 …………………… 31
2.3 砖和瓦与功能材料 ………… 32
    2.3.1 砖 ……………………… 32
    2.3.2 瓦 ……………………… 33
    2.3.3 功能材料 ……………… 34
2.4 合成高分子材料 …………… 36
2.5 建筑钢材与木材 …………… 37
    2.5.1 建筑钢材 ……………… 37
    2.5.2 建筑木材 ……………… 38
本章小结 …………………………… 39
思考题 ……………………………… 39

第3章 地基与基础工程 ……… 41

3.1 建筑场地勘察与地基处理 … 42
    3.1.1 建筑场地勘察 ………… 42
    3.1.2 地基处理 ……………… 46
3.2 浅基础 ……………………… 48
3.3 深基础 ……………………… 52
本章小结 …………………………… 56
思考题 ……………………………… 56

第4章 建筑工程 ……………… 58

4.1 基本构件 …………………… 59
4.2 单层建筑与两层建筑 ……… 62
    4.2.1 单层建筑 ……………… 62
    4.2.2 两层建筑 ……………… 66
4.3 多层建筑与高层建筑 ……… 67
    4.3.1 多层建筑 ……………… 67
    4.3.2 高层建筑 ……………… 69
4.4 智能建筑与绿色建筑 ……… 75
    4.4.1 智能建筑 ……………… 75
    4.4.2 绿色建筑 ……………… 76
4.5 特种结构 …………………… 78
    4.5.1 电视塔 ………………… 78

4.5.2　水塔 …………………… 78
　　　4.5.3　油库 …………………… 79
　　　4.5.4　筒仓 …………………… 80
　　　4.5.5　烟囱 …………………… 80
　本章小结 ………………………………… 81
　思考题 …………………………………… 81

第5章　交通土建工程 …………………… 83

　5.1　道路工程 …………………………… 84
　　　5.1.1　道路类型与组成 …………… 84
　　　5.1.2　道路线形与结构 …………… 86
　　　5.1.3　高速公路 …………………… 89
　5.2　铁路工程 …………………………… 91
　　　5.2.1　铁路基本组成 ……………… 91
　　　5.2.2　铁路分类 …………………… 93
　5.3　机场工程 …………………………… 96
　　　5.3.1　机场分类与组成 …………… 96
　　　5.3.2　跑道布局 …………………… 97
　　　5.3.3　航站区布局 ………………… 98
　5.4　桥梁工程 …………………………… 99
　　　5.4.1　桥梁分类与结构形式 ……… 99
　　　5.4.2　梁桥与拱桥 ……………… 100
　　　5.4.3　斜拉桥 …………………… 105
　　　5.4.4　悬索桥 …………………… 110
　5.5　隧道工程 ………………………… 111
　　　5.5.1　隧道分类及工程特点 …… 111
　　　5.5.2　隧道结构设计 …………… 112
　5.6　港口工程 ………………………… 115
　　　5.6.1　港口规划 ………………… 115
　　　5.6.2　码头建筑 ………………… 116
　　　5.6.3　防波堤 …………………… 119
　本章小结 ……………………………… 122
　思考题 ………………………………… 122

第6章　地下工程 ………………………… 124

　6.1　地下商业建筑 …………………… 126
　　　6.1.1　地下街 …………………… 126
　　　6.1.2　地下商场 ………………… 127
　　　6.1.3　地下停车场 ……………… 128
　6.2　地下工业建筑 …………………… 128
　　　6.2.1　地下水电站 ……………… 128
　　　6.2.2　地下核电站 ……………… 130
　　　6.2.3　地下垃圾处理厂 ………… 130
　6.3　民防工程 ………………………… 130
　　　6.3.1　基本概念 ………………… 130
　　　6.3.2　产生原因 ………………… 131
　　　6.3.3　工程类型 ………………… 131
　　　6.3.4　发展规划 ………………… 132
　6.4　地下综合管廊工程 ……………… 132
　　　6.4.1　类型与功能 ……………… 132
　　　6.4.2　设计要点 ………………… 134
　　　6.4.3　发展方向 ………………… 134
　本章小结 ……………………………… 135
　思考题 ………………………………… 135

第7章　水利水电工程 …………………… 137

　7.1　水利工程 ………………………… 138
　　　7.1.1　水库 ……………………… 138
　　　7.1.2　水利枢纽 ………………… 140
　7.2　水电工程 ………………………… 140
　　　7.2.1　水电站 …………………… 140
　　　7.2.2　水电建筑物 ……………… 141
　7.3　防洪工程 ………………………… 142
　本章小结 ……………………………… 144
　思考题 ………………………………… 144

第8章　给水排水工程与暖通工程 …… 145

　8.1　给水排水工程 …………………… 146

8.1.1　城市给水排水工程 …… 146
　　8.1.2　建筑给水排水工程 …… 149
8.2　采暖工程 ………………… 154
　　8.2.1　采暖方式、热媒与系统分类 ………………… 154
　　8.2.2　常用采暖系统 ……… 155
　　8.2.3　采暖系统设备 ……… 158
8.3　通风与空气调节工程 …… 159
　　8.3.1　通风工程 …………… 159
　　8.3.2　空气调节工程 ……… 161
本章小结 ………………………… 162
思考题 …………………………… 162

第9章　土木工程施工与爆破及项目管理 ………………… 165

9.1　土石方工程和基础工程施工 …… 166
　　9.1.1　土石方工程施工 …… 166
　　9.1.2　基础工程施工 ……… 167
9.2　结构工程施工 …………… 168
　　9.2.1　建筑结构施工 ……… 168
　　9.2.2　桥梁结构施工 ……… 170
9.3　隧道工程施工 …………… 174
9.4　现代施工新技术 ………… 176
　　9.4.1　BIM技术 …………… 176
　　9.4.2　3D打印技术 ………… 178
9.5　土木工程爆破 …………… 178
　　9.5.1　爆破分类 …………… 179
　　9.5.2　建筑物拆除爆破 …… 180
　　9.5.3　隧道工程爆破 ……… 181
　　9.5.4　水利水电工程爆破 … 182
　　9.5.5　爆破安全 …………… 183
9.6　土木工程项目管理 ……… 184
　　9.6.1　项目建设程序 ……… 184
　　9.6.2　工程项目管理 ……… 185
　　9.6.3　项目招标投标与建设监理 ………………… 186
　　9.6.4　国际工程承包 ……… 189
　　9.6.5　房地产开发 ………… 191
本章小结 ………………………… 193
思考题 …………………………… 193

第10章　土木工程防灾与建筑物加固及平移 ……………… 195

10.1　土木工程灾害 …………… 196
10.2　土木工程灾害预防 ……… 199
10.3　建筑物检测与加固 ……… 201
　　10.3.1　意义和范围 ………… 201
　　10.3.2　结构检测与加固程序 … 202
10.4　建筑物平移 ……………… 202
　　10.4.1　概述 ………………… 202
　　10.4.2　建筑物平移的原理及施工过程 ……………… 203
本章小结 ………………………… 203
思考题 …………………………… 204

第11章　现代土木工程与计算机技术 ……………………… 206

11.1　计算机辅助设计 ………… 207
　　11.1.1　概述 ………………… 207
　　11.1.2　土木工程CAD ……… 208
　　11.1.3　设计应用 …………… 210
11.2　建筑信息模型 …………… 210
　　11.2.1　基本内涵 …………… 210
　　11.2.2　技术工具 …………… 211
　　11.2.3　技术应用 …………… 213
11.3　大型土木工程健康监测 … 215
　　11.3.1　基本概念 …………… 215
　　11.3.2　传感传输技术 ……… 216

11.3.3 结构损伤识别技术 …… 218
11.4 智慧建造 …………… 219
　　11.4.1 基本概念与支撑技术 … 219
　　11.4.2 工程实例 ………… 221
11.5 智慧城市 …………… 222
　　11.5.1 概述 ……………… 222
　　11.5.2 建设情况 ………… 222
本章小结 …………………… 223
思考题 ……………………… 224

参考文献 ……………………… 225

第1章 绪论

本章主要讲述土木工程的含义、类型、历史及未来发展。通过本章学习,应达到以下目标。

(1) 掌握土木工程的含义。

(2) 熟悉土木工程的类型。

(3) 了解土木工程历史及发展趋势。

(3) 了解土木工程科学技术与工程师。

知识要点	能力要求	相关知识
土木工程的含义	(1) 理解国内土木工程的含义 (2) 理解国外土木工程的含义	(1) 土木工程在日常生活中的作用 (2) 土木工程的起源
土木工程的类型	熟悉土木工程所包含的工程类型	各类土木工程的特点
土木工程的发展	(1) 了解土木工程发展的三个阶段及各时期土木工程的对应特点 (2) 了解土木工程的发展趋势	(1) 各时期典型土木工程 (2) 未来土木工程的发展方向
土木工程科学技术与工程师	(1) 了解土木工程科学技术 (2) 了解土木工程执业许可与工程师	(1) 土木工程设计理论与施工方法 (2) 注册工程师

 引例　　　　　　　谁设计了气势恢宏的天安门

天安门以其造型优美和气势恢宏而享誉全球。究竟是谁设计了这座永垂史册的经典建筑呢?随着若干珍贵史料的发掘和公开,人们开始了解天安门的设计者——蒯祥。

蒯祥(1398—1481)是苏州吴县香山人。明朝建立后,明太祖朱元璋征召工匠建造南京都城,蒯祥少年时就参加了建造行列。明成祖朱棣迁都北京，1417年，蒯祥被召到北京，这时他年富力强，被任命为"营缮所丞"，即现在的设计师和施工员。蒯祥按照南京的"奉天""华盖""谨身"三殿建造模式，在午门前设端门，端门前设承天门。当时的承天门就是现在的天安门。

蒯祥设计技艺高超，受到皇帝的赞赏，后来提升为工部侍郎。1440年，他受命建造乾清、坤宁二宫及重建外朝三大殿的工程。1465年，蒯祥参加承天门的第二次建造任务，此时他已年过花甲，但仍一丝不苟。明宪宗朱见深称他为"蒯鲁班"。1651年，清顺治帝爱新觉罗·福临将承天门改名为天安门后，沿用至今。

1.1　土木工程的含义

"土木"在中国是一个古老的术语，意指建造房屋等工事，如把大量建造房屋称作大兴土木。古代建造房屋主要依靠泥土和木料，故称土木工程。在国外"Civil Engineering"一词是1750年英国人首先引用的，意即民用工程，以区别于当时的军事工程。1828年，伦敦土木工程师学会对Civil Engineering下的定义为：利用伟大的自然资源为人类造福的艺术，与中国"土木工程"的含义相近，故译作土木工程。

土木工程与人类生活息息相关。人类生活中的衣、食、住、行均离不开土木工程。其中"住"是与土木工程直接相关的；"行"则需要建造道路、铁道、公路、机场、码头等交通土建设施，与土木工程关系非常紧密；"食"则需要打井取水，筑渠灌溉，修坝建水库蓄水，建粮食加工厂等，与土木工程不可分割；"衣"的纺纱、织布、制衣等，都在工厂内进行，也离不开土木工程。

1.2　土木工程的类型

土木工程是工程学科之一，是一门古老的学科。随着近现代工程建设和科学技术的迅猛发展，土木工程逐渐分成一些专门的二级学科专业方向，如岩土工程，结构工程，市政工程，供热、供燃气、通风及空调工程，桥梁与隧道工程，防灾减灾工程及防护工程等。其具体内容和涉及范围非常广泛，包括公路与城市道路工程、铁道工程、机场工程、港口工程、地下工程、水利水电工程、给水排水工程等。

（1）岩土工程是运用工程地质学、土力学、岩石力学来解决各类工程中关于岩石和土的工程技术问题。岩土工程研究的主要方向包括城市地下空间与地下工程、边坡与基坑工程、地基与基础工程等。几乎所有的土木工程结构都建造在岩土体上、岩土体中或以岩土体为材料，岩土工程在土木工程建设中发挥重要的作用。

（2）结构工程是运用基本的数学和力学知识对结构进行分析与设计，通过科学使用土木工程材料和结构形式，使结构安全可靠、适用耐久、经济合理，满足预期功能要求。广义的结构工程研究对象为地球表面或浅表地壳内的一切人工构筑物；狭义的结构工程则主要包括工业与民用建筑。

(3) 市政工程是研究城市基础工程、城市轻轨、城市地铁、城市给水排水等技术理论及规划、设计、施工、管理和运行的学科。其研究内容涉及城市基础设施规划与施工、城市道桥设计理论与试验、城市轨道交通、污水处理工艺理论与技术、给水处理工艺理论与技术、给水工程系统及其优化等。

(4) 供热、供燃气、通风及空调工程主要任务是在尽可能减少对常规能源的消耗，降低对环境污染的基础上，为满足人类生产和生活需求提供各种适宜的人工环境。其内容包括工业与民用建筑、运载工具及人工气候室中的湿热环境、清洁度及空气质量的控制，为实现此环境控制的采暖通风和空调设备系统，与之相应的冷热源及能源转换设备系统，以燃气、蒸汽与冷热水输送系统。

(5) 桥梁与隧道工程是为跨越江河、沟谷、海峡，穿越山岭或水底以解决城市交通需要，以各类型桥梁与隧道等为主要研究对象的学科。其研究内容包括桥梁、涵洞及隧道等结构的规划、勘察、设计、施工、制造和管理的理论、方法、技术和工艺等。

(6) 防灾减灾工程及防护工程通过综合应用土木工程和其他学科的理论与技术，来提高土木工程结构和工程系统抵御人为和自然灾害能力。其核心内容为工程结构抗震、结构抗风工程、结构抗火工程和抗爆工程等。防灾减灾工程及防护工程对我国实施可持续发展战略有着重要作用。

1.3 土木工程的历史及展望

土木工程历史可以分为三个阶段：古代、近代和现代。

1.3.1 古代土木工程

古代土木工程的历史跨度很长，大致从旧石器时代到17世纪中叶。在这一时期内，人们主要依靠经验修建各种设施，没有设计理论指导，所运用的材料也大多取之于自然，如石块、土坯等，大约在公元前1000年才采用烧制的砖。这一时期所用的工具也很简单，只有斧、锤、刀、铲和石夯等手工具。尽管如此，古人还是以他们卓越的智慧建造了许多具有历史价值的建筑。

1. 建筑工程

中国古代建筑大多为木结构或砖石结构。公元782年建成的山西五台县南禅寺（图1.1），距今1200多年，作为四合院式的典型建筑，是中国现存最古老的一座唐代木结构建筑。公元1056年建成的山西应县木塔（图1.2），塔高67.3m，共9层，横截面呈八角形，底层直径达30.27m，该塔经历了多次大地震，历时千年仍巍然耸立，足以证明中国古代木结构的高超技艺，是世界上现存最高的古代木结构之一。其他木结构如故宫、天坛等均是历史悠久的优秀建筑。中国古代的砖石结构也拥有伟大成就，其中公元525年建成的嵩岳寺塔为北魏时期15层的密檐式砖塔（图1.3），平面呈十二边形，高37m，由叠涩砖檐和塔刹组成。嵩岳寺塔是中国现存最早的砖塔，反映了中外建筑文化交流融合创新的历程，对后世砖塔建筑有着巨大影响。我国最著名的砖石结构当数万里长城（图1.4），东起山海关，西至嘉峪关，全长约7000km，是世界上工程量最浩大的古建筑之一。

图1.1 五台县南禅寺

图1.2 应县木塔

图1.3 嵩岳寺塔

图1.4 万里长城

国外遗留下来的宏伟建筑（或建筑遗址、遗迹）大多数是砖石结构。埃及金字塔（图1.5），其中最大的一座是胡夫金字塔，建于公元前2700年至公元前2600年间，该塔基底呈正方形，边长230.5m，高约140m，用230余万块巨石砌成。意大利首都罗马圆形广场北部的万神庙（图1.6），建于公元前27年，是古代建筑中最为宏大，保存近乎完美，同时也是历史上最具影响力的建筑之一。希腊帕特农神庙（图1.7）、古罗马斗兽场（图1.8）、法国卢浮宫（图1.9），以及意大利圣卡罗教堂（图1.10）等都是古代砖石结构的代表作品。

2. 其他土木工程

古代土木工程在建筑工程方面取得了巨大成就的同时，其他土木工程（如桥梁、水利工程等）也取得了重大成就。

图 1.5　埃及金字塔

图 1.6　罗马万神庙

图 1.7　帕特农神庙

图 1.8　古罗马斗兽场

图 1.9　卢浮宫

图 1.10　圣卡罗教堂

(1) 桥梁工程方面。中国河北赵县赵州桥（图 1.11），建于隋朝，用 28 条并列的石条拱砌成，拱肩上有 4 个小拱，既能减轻石桥的自重，又便于排泄洪水，且显得美观，历经千年仍可正常使用，不愧为世界石拱桥的杰作。

(2) 水利工程方面。中国都江堰工程，修建于公元前 256 年，由当时的蜀郡太守李冰父子主持修建，建成后使成都平原成为沃野千里的"天府之国"。该工程被誉为世界上最早的综合型水利工程。其他著名的水利工程还有郑国渠和京杭大运河（图 1.12）等。

图1.11 赵州桥

图1.12 京杭大运河

1.3.2 近代土木工程

近代土木工程是指从17世纪中叶至20世纪中叶这段历史时期,在这期间伴随着力学理论和材料的发展,土木工程在各方面都取得了飞跃式的发展。

在力学理论方面,1638年伽利略发表了"关于两门新科学的对话",首次用公式表达了梁的设计理论。随后,在1687年牛顿总结出力学三大定律,为土木工程奠定了力学分析的基础。1825年法国的维纳在材料力学、弹性力学和材料强度理论的基础上,建立了土木工程中结构设计的容许应力法。

在材料方面,1824年英国人发明了波特兰水泥。1856年转炉炼钢法的成功使得钢材得以大量生产并应用于房屋、桥梁的建造中。1867年钢筋混凝土开始应用,20世纪30年代预应力混凝土开始广泛应用于土木工程。由于混凝土及钢材的推广应用,使得土木工程师可以运用这些材料建造更为复杂的工程。在近代建筑中,高耸、大跨、巨型、复杂的工程结构,绝大多数应用了钢结构或钢筋混凝土结构。

在这一时期内,土木工程施工也因其他产业(如施工机械等)的发展而取得较大的进步,这也为快速高效地建设土木工程创造了条件,世界各地建设了一大批具有划时代意义的土木工程。

1825年英国修建了世界上第一条铁路;1863年英国修建了世界上第一条地铁;1875年法国修建了世界上第一座钢筋混凝土桥;1889年法国建成了高达300多米的埃菲尔铁塔(图1.13),现在已成为法国的标志性建筑;1890年英国修建了福斯桥,主跨521m;1931年美国纽约建成102层的帝国大厦,高381m,这一建筑高度曾经保持世界纪录长达40多年;1936年美国旧金山建成了金门大桥,主跨1280m,是世界上第一座主跨超过1000m的桥梁。

中国在这一时期,由于历史原因,土木工程的发展长期处于落后状态。直到洋务运动后,中国才开始大规模学习西方技术,并建造了一批有影响力的土木工程。1909年詹天佑主持建成的京张铁路,全长约200km。京张铁路的建成在中国近代土木工程史上具有重要的历史意义。1923年建成的上海汇丰银行大楼是外滩建筑群中占地最广、门面最宽、体形最大的建筑(图1.14),是中国近代西方古典主义建筑的杰作。1924年建成的江汉关大楼是中国现存最早的三座海关大楼之一(图1.15),高41m,由主楼及其顶部的钟楼组成，钟楼高约 23.1m，建筑四周由数量不等、风格独特的廊柱环绕装饰。1934 年上海建成了 24 层的国际饭店。1937 年茅以升主持建造了钱塘江大桥（图 1.16），它是公路、铁路两用的双层钢结构桥，是中国近代土木工程的优秀作品。

图 1.13　埃菲尔铁塔

图 1.14　上海汇丰银行大楼

图 1.15　江汉关大楼

图 1.16　钱塘江大桥

1.3.3　现代土木工程

现代土木工程的时间跨度是 20 世纪中叶到当今。第二次世界大战后各国经济迅速复苏，科学技术得到飞速发展，现代土木工程以此为依托，进入了繁荣发展时期。这一时期中的土木工程具有如下特点。

（1）工程功能多样化。现代土木工程不仅仅要求"风雨不侵"的房屋骨架，而且要求具有舒适、智能、环保等功能。

（2）基础设施建设立体化。现代城市随着经济和人口的增长，城市用地越来越紧张，为了缓解这一矛盾，就迫使房屋建筑向高层化、城市交通向立体化发展。这也使得大城市中出现大量高楼、地铁及立交桥。

（3）交通运输高速化。由于市场经济的繁荣，运输系统朝着快速、高效的方向发展。高速公路、高速铁路和航空运输得到了快速发展。

(4) 工程材料轻质高强化。高性能材料的不断出现，为现代土木工程的进一步发展提供了物质条件。高性能材料具有轻质、高强、多功能等特点。

(5) 施工过程机械化。各种先进的施工机械及施工方法，为现代大规模土木工程建设提供了有利条件，形成了施工装备大型化、施工作业快速化的趋势。

(6) 设计精确化、科学化。设计理论的分析由线性到非线性，从平面到空间，由静态到动态，由数值计算到精确的模拟分析，这些都使得现代土木工程的设计更加精确化、科学化。

现代土木工程在各方面都有巨大发展。

(1) 建筑方面。1974 年建成的美国芝加哥西尔斯大厦，高 442.3m，成为当时世界上最高的大楼。目前，世界第一高楼为阿联酋的哈利法塔（图 1.17），共 162 层，高 828m，在外形上看是一朵六瓣的沙漠之花，极为美观。马来西亚的石油双塔高 452m，采用双峰塔的设计风格突出了标志性景观设计的独特性理念。上海环球金融中心（图 1.18）高 492m，塔楼主要为核心筒和巨型柱结构。武汉绿地中心（图 1.19）是一座超高层地标式摩天大楼，高 475m。其建筑造型主要取材于武汉三镇，楼体横切面为"三叶草"外形，象征武汉三镇共同繁荣发展，既体现了武汉悠久的历史文化，又包含了武汉独特的城市结构。深圳平安金融中心（图 1.20），总高 599m。

图 1.17　阿联酋哈利法塔

图 1.18　上海环球金融中心

图 1.19　武汉绿地中心

图 1.20　深圳平安金融中心

(2) 桥梁方面。桥梁不论在形式还是在跨度上都有较大的突破。首先，广泛应用了一种桥梁形式——斜拉桥，这种桥梁形式具有优越的性能，在中大型跨度的桥梁中具有较强的竞争力。目前世界上主跨最长的斜拉桥为中国的苏通长江公路大桥，其两个主塔之间跨度达到1088m，如图1.21所示。世界上最长的跨海大桥为中国的港珠澳大桥，大桥采用了"桥、岛、隧"三位一体的建筑形式，如图1.22所示。其次，其他桥型的跨度也都有较大的提高。如悬索桥从美国金门大桥主跨1280m到日本明石海峡大桥主跨1991m，跨度都超过1km。我国杨泗港长江大桥主跨1.7km，桥梁总长约4.32km，是目前世界工程规模最大的两层公路悬索桥（图1.23），建造过程中创新了多项技术。

图1.21 苏通长江公路大桥

图1.22 港珠澳大桥

(3) 隧道方面。目前世界上最长的隧道是瑞士圣哥达基线隧道，位于海拔3000m的阿尔卑斯山区，横跨欧洲南北轴线，全长151.84km。

(4) 民航方面。中国现有4大世界级机场群，10大国际航空枢纽，29个区域枢纽。2019年9月北京大兴国际机场正式通航，作为世界级航空枢纽，其航站楼形如展翅的凤凰，航站楼面积约78万m^2（图1.24）。它是世界上首个实现高铁下穿的航站楼，建设了世界最大单块混凝土楼板，也是世界最大的减隔震建筑。

图1.23 杨泗港长江大桥

图1.24 北京大兴国际机场

(5) 铁路方面。铁路交通是这个时代最重要的交通方式之一。中国高铁技术是世界一流的，境内高铁里程也是世界之最。2017年12月，西成高速铁路正式通车（图1.25），全长658km，设计最高速度250km/h。它是一条连接陕西省西安市和四川省成都市的高速铁路，也是中国首条穿越秦岭的高速铁路。2019年12月，京张高速铁路开通运营（图1.26），它是中国第一条采用自主研发的北斗卫星导航系统，正线全长174km，设计最高速度350km/h的智能化高速铁路，也是世界上第一条设计最高速度350km/h的高寒、大风沙高速铁路。

图1.25　西成高速铁路

图1.26　京张高速铁路

（6）港口方面。随着全球经济的高速发展，每年有着数万亿美元的货物，要完成这个近似天文数字般的货物交换，港口扮演着异乎寻常的角色。上海洋山深水港（图1.27），是世界上最繁忙的码头之一，也是世界上最大的海岛型深水人工港。迪拜港地处亚欧非三大洲的交会点，是中东地区最大的自由贸易港，已成为世界首屈一指的中转贸易港口。荷兰鹿特丹港（图1.28）是欧洲第一大港，全球最重要的物流中心之一，是欧洲最大的原油、石油产品、谷物等散装货转运地。

图1.27　洋山深水港

图1.28　鹿特丹港

（7）水利水电方面。中国的三峡水电站（图1.29），其总装机容量达2250万千瓦，居世界第一。溪洛渡水电站是金沙江上的一座水电站（图1.30），总装机容量与原来世界第二大水电站——伊泰普水电站（1400万千瓦）相当。

图1.29　三峡水电站

图1.30　溪洛渡水电站

1.3.4 土木工程展望

现在世界正处于高速发展期,土木工程拥有良好的发展机遇。随着信息化的进一步发展、人口与资源的矛盾等,土木工程在今后相当长的一段时间将得以继续发展。

1. 继续兴建重大工程项目

为了解决城市土地供求矛盾,城市建设将沿高层建筑和地下工程方向发展。考虑到中国人口基数巨大,加上城市化进程加速,住宅的需求量仍然很大。这也为土木工程师们提供了广阔的就业机会和施展才能的舞台。

在公路和铁路交通方面,今后在中国乃至世界上仍有很大的发展空间。中国在道路中长期规划中的国道主干线系统有"五纵七横",这些干线贯通了首都、直辖市和各省市自治区的省会或首府,连接了人口 100 万的大城市和多数 50 万人口以上的城市。这个系统还有完善的安全保障、通信和综合服务系统,为各城市间提供了快速、直达、舒适的运输系统。在铁路建设方面,高速铁路继续在全国范围内全面建设。此外,从昆明经缅甸、孟加拉国到印度的铁路,从缅甸经马来西亚到新加坡的国际铁路也在研究中。这些都为土木工程的发展提供了良好的契机。

2. 工程材料向轻质、高强、多功能化发展

(1) 传统材料的性能改善与品种增加

常用砌体材料的发展方向是努力改善其传统性能,如提高强度、增加延性、改进形状和模数大小、改善孔形、增加空洞率、减轻自重等。混凝土材料应用很广,且耐久性好,但其抗拉性能差、韧性小、自重大、易开裂。为此需要改善这些不良性能,如在混凝土加入微型纤维可一定程度改善其韧性等。

(2) 化学合成高分子材料的广泛应用

目前,化学合成高分子材料主要用于门窗、管材、装饰材料。今后其发展方向为:一是扩展用于大面积围护材料及结构骨架材料;二是改善建筑制品的性能,包括保温、隔热、隔声、耐高温、耐高压、耐磨、耐火等;三是在深入研究、开发其受力和变形的性能后广泛用于承载结构,例如国外已把经聚合物处理的碳纤维钢筋和碳纤维钢绞线用于混凝土结构。

3. 利用计算机及信息技术

计算机及信息技术的发展使得工程技术人员对土木工程的设计与计算变得更加精确和高效。在 19 世纪与 20 世纪,力学分析的基本原理和有关微分方程已经建立,用其指导土木工程的设计也取得了巨大成功。但是由于土木工程结构的复杂性和人类计算能力的局限性,人们对工程的设计与计算还比较粗糙,有一些还主要依靠经验。计算机的快速计算能力及现代化的数值模拟技术,为大规模土木工程的精确计算分析提供了有力的计算工具。

复杂结构的大体积混凝土块在受到较大外力作用时,其整体受力特性极其复杂,如水电站大坝、核电站、大型桥梁等，如果用数值法分析其应力分布，其方程组可达几十万甚至上百万个，用传统的手算方法显然难以实现，但是用计算机却可以很快解决。同时计算机辅助设计、计算机辅助制图等软件的出现也使得设计由手工走向自动化。现在的大型仿真模拟软件，可以在计算机上模拟原形大小的工程结构在灾害荷载作用下从变形到倒塌的全过程，从而揭示结构不安全的部位和因素。用此技术指导设计可大大提高工程结构的可靠性。

信息技术的发展使得现代土木工程更加智能化、自动化。例如土木工程施工的信息化，通过对工期、人力、材料、机械、资金、进度等信息进行收集、存储、处理和交流，并加以科学地综合利用，为施工管理及时准确地提供决策依据。信息化施工可大幅度提高施工效率和保证工程质量，减少工程事故，有效控制成本，实现施工管理现代化。

4. 土木工程将向海洋、荒漠、太空开拓

地球表面只有约30%的面积为陆地，而其中又有大约1/3为沙漠或荒漠地区。随着地球上人口的不断增长，资源枯竭，人类的生存问题已迫在眉睫。因此，人类大力开发海洋、荒漠甚至太空资源已成为一种趋势。

在海上建人工岛，并在岛上建跑道和候机楼，现在世界各国已有许多这样的成功案例，如中国澳门机场、日本关西国际机场。在中国西北部，通过兴修水利，种植固沙植物，改良土壤等方法，使一些沙漠变成了绿洲。这些都是成功的造福人类的宏大工程。从人类已有的探测资料显示，太空星球上拥有丰富的资源，有些甚至有可能适宜人类居住，届时移民太空将成为可能，这也将大大地扩大人类的生存空间。

5. 土木工程可持续发展

面临人类生存环境恶化，在20世纪80年代，人们就提出了"可持续发展"的概念，现在已被广为认可。"可持续发展"是指"既满足当代人的需要，又不对后代人满足其需要的发展构成危害"。假如一代人过度消耗能源（如石油）以致枯竭，后代人则无法继续发展。这一原则具有远见卓识，中国政府已将"可持续发展"作为基本国策。

中国人口众多，可开发利用的资源有限，多数自然资源人均占有率处于世界平均水平以下。土木工程可持续发展，可降低工程能耗，合理利用有限资源，对中国社会的可持续发展具有重大意义。

1.4 土木工程科学技术、工程师及执业许可

1.4.1 土木工程科学技术

为了推动科技，促进先进科技成果应用于土木工程实践，我国特别设立了詹天佑土木工程科学技术奖，主要授予在科技创新和科技应用方面成绩显著的优秀土木工程建设项

目。"科学技术"并非一个词语,而是"科学"和"技术"两个独立词语,很多人往往难以分辨,两者的任务、目的和实现过程不同,表现为在其相互联系中相对独立地发展,又为辩证统一的整体。

科学与技术相互依存、相互促进、相互转化,社会的快速发展离不开两者内在的统一与协调发展。科学是技术发展的理论基础,技术是科学发展的手段。技术不仅为科学研究提供了工具,而且还可以激励理论研究动机并提供方向。

随着相关学科的发展、经济建设和社会进步的需要,土木工程也在不断丰富着自己的内涵。土木工程材料的变革、新技术的应用以及计算机技术的发展都对土木工程起到了有力的推动作用。采用的材料、设备、结构技术和施工技术日新月异,随着节能技术、信息控制技术、生态技术等技术的应用,在土木工程上涌现出超大跨度桥梁、超大型水电站、超高层建筑等复合载体。土木工程与科学技术的结合程度,代表了一个国家土木工程科学技术发展水平。

1.4.2 土木工程师

土木工程具有专业性强、跨学科多、环境复杂等特点,故土木工程师的地位举足轻重,不仅要有丰富且扎实的专业理论知识,还要知晓其他学科的知识。同时,土木工程师应具有实际解决问题,团队协作的能力,这也是土木工程科学技术发展的关键。

土木工程专业作为一个实践性很强的应用型专业,新形势下,在我国高等院校中,其培养目标为:培养德智体美劳全面发展且能适应未来社会发展需求,具有高尚的职业道德和社会责任感,基础理论和专业知识扎实,具有一定国际视野、自主学习能力、工程实践能力、创新就业能力、团队合作能力,能够在土木工程领域从事设计、施工、管理、技术开发、教学与科学研究等工作的复合型、应用型、创新型的高素质工程人才。土木工程与我们生活息息相关,土木工程师的任务是为人们提供生活和活动所需要的功能良好并舒适美观的空间、通道、环境。土木工程师的职业总体上可分为以下几种。

(1) 技术服务型:业务范围很广,包括工程项目的可行性研究、工程设计、场地测绘、土建施工、地质勘探、工程检测、工程造价等技术服务工作。

(2) 工程管理型:以专业技术为背景,对工程项目的实施进行全过程或若干阶段的管理,包括从事决策、计划、组织、控制、营销等方面工作。

(3) 研究开发型:从事技术开发、基础研究、制定标准等方面工作。

(4) 其他类型:从事工程继续教育、培训等方面工作。

随着我国"一带一路"倡议的深入部署,国内外重大项目和复杂环境下施工项目越来越多,也对现有规范的适用范围和传统技术的使用极限提出了挑战。这就要求土木工程专业人才培养与时俱进,培养出大量具备复杂工程实践经验的、具备创新能力的土木工程师,作为经济建设的中流砥柱。作为土木工程师,应该在工作中做到以下几个方面。

1. 知识要求

（1）基础知识：具有人文科学、社会科学、自然科学的整体性基础知识结构体系；历史学、伦理学、美学、宗教学、考古学等人文科学的基本知识；经济学、政治学、社会学、管理学、军事学等社会科学的基本知识；数学、物理、化学、地理、生物等自然科学的基础知识。

（2）专业知识：具有工程材料、工程结构、工程美学、工程经济、工程法规和工程管理等方面的知识；理论力学、材料力学、结构力学、弹塑性力学等方面的基本理论；工程规划与选型、结构分析与设计、地基处理等方面的基本知识；施工机械、电工、工程测量与试验、施工技术与组织等方面的基本技术；工程制图、计算机应用、主要测试和试验仪器使用的基本理论和方法。

（3）工具性知识：具有扎实的外语知识，具备听说读写能力；具有计算机基本原理和高级编程语言的相关知识，掌握大型结构设计、数值仿真分析、画图软件等基本理论。

（4）相关领域知识：具有建筑、规划、环境、交通、设备、电气等相关专业的基本知识；工程安全、节能减排的基本知识；与专业相关的法律、法规的基本知识。

（5）创新知识：增加文献阅读，信息收集，关注当代土木工程的理论和技术前沿、应用前景；学习国外管理经验，在生产组织方式与运营机制等方面不断改革创新、与时俱进。

2. 能力要求

（1）工程能力：对于土木工程师，工程能力必不可少。工程能力的总体要求是具有能够根据使用要求、工程地质条件、材料与施工的实际情况，经济合理并安全可靠地进行工程设计的能力，以及具有解决施工技术问题和编制施工组织设计的能力、进行工程经济分析的能力、应用计算机进行辅助设计的能力。

（2）组织管理能力：组织管理能力是一种能够围绕实现工作目的所必须具备的人际活动能力，包括各种参与协作完成任务的能力，如日常交流、技术交流、经济交流等。土木工程师应具备必要的管理能力，才能做好工程项目管理、协调等工作。

（3）科研能力：当今科技竞争异常激烈，土木工程的新成果和新技术不断出现。科研能力是土木工程师必须具备的重要的能力，要具备在现有的设计方法和施工技术的基础上，提出改进设想并予以实施的能力。能够系统策划试验方案，并通过获取的试验数据，分析出试验结果。科研能力主要是依靠自身有意识的培养，要在实践过程中养成提出问题、分析问题和解决问题的习惯。

3. 素质要求

（1）积极的世界观、人生观、价值观，经过传统中国文化熏陶，树立家国情怀和国际视野，具有奉献祖国、服务人民的人文意识。逐步形成参与国家建设以及构建人类命运共同体所需要的基本技能、优良品质和价值观念。

（2）具有严谨的科学思维素养，培养具有发现问题、解决问题的独创思维，激发自主思考和动手能力，培养实验自主创新能力。

（3）具备良好的职业道德和精神，具有良好的市场、质量和安全意识，注重环境保护、生态平衡和可持续发展的社会责任感。

1.4.3 土木工程执业许可

职业资格证书制度是国家对某些承担较大责任，关系国家、社会和公众利益的重要专业岗位人员实行的一项准入管理制度。其作为国际通行的管理制度，已经在发达国家实行了近百年，对保证执业人员素质、促进市场经济有序发展具有重要作用。1993年党的十四届三中全会以后，我国职业技能鉴定制度发生了根本性转折，我国开始制定各类职业的资格标准和录用标准，实行学历文凭和职业资格两种证书制度，在涉及国家和人民生命财产安全及公共利益的专业技术领域，积极稳妥、有步骤地推行专业技术职业资格证书制度。

2019年4月修正的《中华人民共和国建筑法》第二章十四条明确规定："从事建筑活动的专业技术人员，应当依法取得相应的执业资格证书，并在执业资格证书许可的范围内从事建筑活动"。2021年12月，根据《中华人民共和国电子签名法》《国务院关于在线政务服务的若干规定》和《国务院关于加快推进全国一体化在线政务服务平台建设的指导意见》等相关法律、法规和规定，决定在专业技术人员职业资格中推行电子证书。注册工程师被列入使用"中华人民共和国人力资源和社会保障部专业技术人员职业资格证书专用章"电子印章。通过法律规定、注册机构管理、执业资格标准为核心的制度架构和运作模式已逐渐完善。注册土木工程师可分为以下几种。

1. 注册建筑师

注册建筑师是指通过职业资格考试取得中华人民共和国注册建筑师职业资格证书，并依法登记注册，从事房屋建筑设计及相关业务的专业技术人员。注册建筑师执业资格制度是我国勘察设计行业建立的第一个职业资格证书制度，也是我国最早实施的职业资格证书制度之一。注册建筑师分一级注册建筑师和二级注册建筑师两个执业等级：一级注册建筑师的执业范围不受建筑规模和工程复杂程度的限制，二级注册建筑师的执业范围只限于承担国家规定的民用建筑工程等级分级标准中的三级以下项目。

在复杂的建筑领域，建筑师需要具备艺术家的审美眼光和工程师的力学知识，在建筑投资方和项目施工方之间扮演沟通角色，同时也对结构、水电、暖通进行总体协调。注册建筑师的执业范围：从事建筑设计技术咨询、建筑物调查与鉴定、对本人主持设计的项目进行施工指导和监督、国务院行政主管部门规定的其他业务。

2. 注册城乡规划师

注册城乡规划师是指通过职业资格考试取得中华人民共和国注册城乡规划师职业资格证书，并依法登记注册，从事城乡规划编制及相关业务的专业技术人员。2017年5月，我国已将注册城市规划师更名为注册城乡规划师。在执业活动中，他们须对所签字的城乡规划编制成果中的图件、文本的图文一致、标准规范的落实等负责，并承担相应责任。

注册城乡规划师的执业范围：城乡规划编制、城乡规划技术政策研究与咨询、城乡规划技术分析、住房城乡建设部规定的其他工作。

3. 注册结构工程师

注册结构工程师是指通过职业资格考试取得中华人民共和国注册结构工程师职业资格证书，并依法登记注册，从事房屋结构、桥梁结构及塔架结构等工程设计及相关业务的专业技术人员。注册结构工程师分一级注册结构工程师和二级注册结构工程师两个执业等级：一级注册结构工程师的执业范围不受工程规模和工程复杂程度的限制，二级注册结构工程师的执业范围只限于承担国家规定的民用建筑工程等级分级标准中的三级项目。

在建筑工程设计中，注册结构工程师对工程的质量和安全负有重大的责任，其执业范围：结构工程设计技术咨询；建筑物、构筑物、工程设施等调查和鉴定；对本人主持设计的项目进行施工指导和监督；住建部和国务院有关部门规定的其他业务。

4. 注册建造师

注册建造师是指通过职业资格考试取得中华人民共和国注册建造师职业资格证书，并依法登记注册，从事建设工程项目总承包和施工管理关键岗位的专业技术人员。其作为懂管理、懂技术、懂经济、懂法规，综合素质较高的复合型人员，既要有理论水平，也要有丰富的实践经验和较强的组织能力。注册建造师的职责是根据企业法定代表人的授权，作为具体工程的主要负责人，对工程项目自开工准备至竣工验收，实施全面的组织管理。

注册建造师有权以建造师的名义担任建设工程项目施工的项目经理，从事其他施工活动的管理、法律法规或国务院行政主管部门规定的其他业务。注册建造师分一级注册建造师和二级注册建造师两个执业等级。一级注册建造师设置10个专业：建筑工程、公路工程、铁路工程、民航机场工程、港口与航道工程、水利水电工程、矿业工程、市政公用工程、通信与广电工程、机电工程。二级注册建造师设置6个专业：建筑工程、公路工程、水利水电工程、矿业工程、市政公用工程、机电工程。一级注册建造师可以担任特级、一级建筑企业资质的建设工程项目施工的项目经理，二级注册建造师可以担任二级及以下建筑企业资质的建设工程项目施工的项目经理。

5. 注册监理工程师

注册监理工程师是指通过职业资格考试取得中华人民共和国注册监理工程师职业资格证书，并依法登记注册，从事建设工程监理及相关业务的专业技术人员。注册监理工程师执业资格按专业类别分为土木建筑工程、交通运输工程、水利工程3类，分别由住房和城乡建设部、交通运输部、水利部负责本行政区域内注册监理工程师职业资格证书制度的实施与监管。

为确保建设工程质量，保护人民生命和财产安全，充分发挥注册监理工程师对施工质量、建设工期和建设资金使用等方面的监督工作，工程监理单位应当依照法律、法规以及有关技术标准、设计文件和建设工程承包合同,代表建设单位对施工质量实施监理,并对施工质量承担监理责任。注册监理工程师应当按照工程监理规范的要求,采取旁站、巡视和平行检验等形式,对建设工程实施监理。

6. 注册土木工程师

注册土木工程师是指通过职业资格考试取得中华人民共和国注册土木工程师职业资格证书,并依法登记注册,从事该工程工作的专业技术人员。注册土木工程师按专业类别分为岩土、港口与航道工程、道路工程、水利水电工程4类。具体划分如下。

(1) 注册土木工程师(岩土)是从事岩土工程工作的专业技术人员,执业范围包括岩土工程勘察,岩土工程设计,岩土工程检验、监测的分析与评价,岩土工程咨询,住房和城乡建设主管部门对岩土工程专业规定的其他业务。

(2) 注册土木工程师(港口与航道工程)是从事港口与航道工程设计及相关业务的专业技术人员,执业范围包括港口与航道工程设计,港口与航道工程技术咨询,港口与航道工程的技术调查和鉴定,港口与航道工程的项目管理,对本专业设计项目的施工进行指导和监督,国务院有关部门规定的其他业务。

(3) 注册土木工程师(道路工程)是从事道路工程专业及相关业务的专业技术人员,执业范围包括道路工程勘测设计,道路工程技术咨询,道路工程招标、采购咨询,道路工程的技术调查和鉴定,道路工程的项目管理,对本专业勘测、设计工程项目的施工进行指导和监督,国务院有关部门规定的其他业务。

(4) 注册土木工程师(水利水电工程)是从事水利水电工程勘察、设计及相关业务的专业技术人员,执业范围包括水利水电工程勘察、设计,水利水电工程技术咨询,水利水电工程招标、采购咨询,水利水电工程的项目管理,对本专业勘察、设计项目的施工进行指导和监督,国务院有关部门规定的其他业务。

7. 注册造价工程师

注册造价工程师是指通过执业资格考试取得中华人民共和国注册造价工程师职业资格证书,并依法登记注册,受某个部门或单位的指定、委托或聘请,负责并协助其进行工程造价的计价、定价及管理业务,以维护其合法权益的专业技术人员。

注册造价工程师分一级注册造价工程师和二级注册造价工程师两个执业等级。一级注册造价工程师执业范围:项目建议书、可行性研究投资估算与审核,项目评价造价分析;建设工程设计概算、施工预算编制和审核;建设工程招标文件工程量和造价的编制与审核;建设工程合同价款、结算价款、竣工决算价款的编制与管理;建设工程审计、仲裁、诉讼、保险中的造价鉴定,工程造价纠纷调解;建设工程计价依据、造价指标的编制与管理;与工程造价管理有关的其他事项。二级注册造价工程师主要协助一级造价工程师,其执业范围:建设工程工料分析、计划、组织与成本管理,施工图预算、设计概算编制;建设工程量清单、最高投标限价、投标报价编制;建设工程合同价款、结算价款和竣工决算价款的编制。

8. 注册咨询工程师（投资）

注册咨询工程师（投资）是指通过职业资格考试取得中华人民共和国注册咨询工程师（投资）职业资格证书，并依法登记注册，从事工程咨询业务的专业技术人员。我国对工程咨询行业关键岗位的专业技术人员实行职业资格证书制度。

注册咨询工程师（投资）执业范围：经济社会发展规划、计划咨询；行业发展规划和产业政策咨询；经济建设专题咨询；投资机会研究；工程项目建议书的编制；工程项目可行性研究报告的编制；工程项目评估；工程项目融资咨询、绩效追踪评价、后评价及培训咨询服务；工程项目招投标技术咨询；国家发展和改革委员会规定的其他工程咨询业务。

9. 注册安全工程师

注册安全工程师是指通过职业资格考试取得中华人民共和国注册安全工程师职业资格证书，并依法登记注册，从事安全生产管理、安全工程技术工作或提供安全生产专业服务的专业技术人员。按专业类别分为煤矿安全、金属非金属矿山安全、化工安全、金属冶炼安全、建筑施工安全、道路运输安全、其他安全（不包括消防安全）。另外，注册安全工程师级别设置有高级、中级、初级，其中高级注册安全工程师评价和管理办法另行制定。

注册安全工程师执业范围：安全生产管理；安全生产技术；生产安全事故调查与分析；安全评估评价、咨询、论证、检测、检验、教育、培训及其他安全生产专业服务。

10. 注册测绘师

注册测绘师是指通过职业资格考试取得中华人民共和国注册测绘师职业资格证书，并依法登记注册，从事测绘活动的专业技术人员。其广泛服务于经济建设、国防建设、科学研究、文化教育、行政管理和人民生活等诸多领域，属于前期性、基础性、责任较大、社会通用性强、专业技术性强、关系公共利益的技术工作。测绘成果的质量与国家经济建设和人民群众日常生活密切相关，地籍测绘、房产测绘及其他一些测绘成果的质量更是直接与人民群众的生活息息相关。

注册测绘师执业范围：测绘项目技术设计；测绘项目技术咨询和技术评估；测绘项目技术管理、指导与监督；测绘成果质量检验、审查、鉴定。

11. 注册环保工程师

注册环保工程师是指通过职业资格考试取得中华人民共和国注册环保工程师职业资格证书，并依法登记注册，从事环保专业工程（包括水污染防治、大气污染防治、固体废物处理处置等工程）设计及相关业务的专业技术人员。

注册环保工程师执业范围：环保专业工程设计；环保专业工程技术咨询；环保专业工程设备招标、采购咨询；环保专业工程的项目管理；对本专业设计项目的施工进行指导和监督；国务院有关部门规定的其他业务。

本章小结

土木工程与人类的衣食住行密切相关，凝聚着广大劳动者的智慧与汗水。土木工程以科学技术为依托，以其他学科发展和新材料的发明为契机，以社会需求为动力，取得了巨大的发展。在历史的长河中，出现了不少的经典建筑，它们是人类发展史中的瑰宝，更推动着历史的发展。未来土木工程将向着材料新型化、信息化、学科综合化、可持续发展化的方向发展。土木工程是科学与技术结合的应用学科，涉及多学科门类的执业资格许可和注册工程师。

思考题

1. 什么是土木工程？土木工程对人类生活有何重要意义？
2. 简述土木工程所包含的工程类型，并结合生活各举一个工程实例。
3. 简述土木工程的发展历史。
4. 作为土木工程师，在工作中应该做好哪几个方面？
5. 我国针对土木工程行业专业技术人员执业许可证是如何规定的？

 阅读材料　　　　　　　**建筑是凝固的音乐**

1. 亭

亭在古时候是供行人休息的地方。《释名》中"亭者，停也，人所停集也。"亭的历史十分悠久，但古代最早的亭并不是供观赏用的建筑。周代的亭，是设在边防要塞的小堡垒。到了秦汉时期，亭的建筑扩大到各地，秦时十里设一亭，这时候的亭有围墙，有住所，可以停留食宿，属驿道上的驿站。魏晋南北朝时，亭不仅作为供人旅途歇息的场所，同时开始作为景点建筑出现在园林中。

亭是中国园林中富有魅力的建筑。亭或伫立于山岗，或依建筑之旁，或临水塘之畔，以其玲珑轻巧、沉重朴实、青瓦素木、丰富多彩的形象，成为风景之魂。园林中的亭一般有顶无墙，供人小憩、避雨、观景，其形状千姿百态。《园冶》中说，亭"造式无定，自三角、四角、五角、梅花、六角、横圭、八角到十字，随意合宜则制，惟地图可略式也"。如杭州三潭印月的三角亭是三角，苏州拙政园的绿漪亭是四角，北京颐和园的荟亭是六角等。亭因其所包含的历史文化意义而流传久远。如长沙爱晚亭（图1.31），建于清乾隆五十七年（1792年），为清代岳麓书院山长罗典创建，原名红叶亭，后由湖广总督毕沅，据"停车坐爱枫林晚，霜叶红于二月花"的诗句，更名爱晚亭。绍兴兰亭（图1.32），相传为著名书法家王羲之当年所作《兰亭集序》之地。滁州醉翁亭（图1.33），因欧阳修的《醉翁亭记》而闻名，建于北宋年间，距今已有900多年的历史。北京陶然亭（图1.34），以唐代诗人白居易的诗句"更待菊黄家酿熟，与君一醉一陶然"命名，建于清康熙年间，被誉为"周侯藉卉之所，右军修禊之地"。

图 1.31　长沙爱晚亭

图 1.32　绍兴兰亭

图 1.33　滁州醉翁亭

图 1.34　北京陶然亭

2. 台

咸阳凤凰台

台是平而高的建筑物，以便人们登其远望。咸阳凤凰台（图 1.35），相传因秦穆公之女弄玉吹箫，引凤于此而得名。现存台高 6.1m，面积约 600m²，台上有大殿 4 座，台下大殿 2 座，为明清建筑风格，砖木结构，琉璃彩绘，气势恢宏。南京凤凰台位于秦淮区长干里凤台山上（图 1.36），因唐代诗人李白创作《登金陵凤凰台》中"凤凰台上凤凰游，凤去台空江自流。吴宫花草埋幽径，晋代衣冠成古丘"而闻名。赣州八境台（图 1.37）建于北宋嘉祐年间（1055—1063 年），台高三层，27.8m，建于宋代古城墙之上，登台可眺赣州八景，台下章、贡二水汇入赣江，向北奔流，气势磅礴，台中还有藏兵洞十余孔。郁孤台也是赣州八景之一，位于城区西北部山顶，始建于唐代，因树木葱郁，山势孤独而得名（图 1.38）。郁孤台以南宋辛弃疾词作《菩萨蛮·书江西造口壁》中"郁孤台下清江水，中间多少行人泪"而声名远播。

图 1.35　咸阳凤凰台

图 1.36　南京凤凰台

图 1.37　赣州八境台

图 1.38　赣州郁孤台

3. 楼

楼是指两层或两层以上的房屋。楼在中国自古有之，除了一般的居住楼，还有登高观景用的观景楼，战时防御用的城楼、角楼、箭楼，传号议事用的钟楼、鼓楼。

观景楼是最常见的楼之一，一般修建于山水园林之内，或江河湖泊之畔，或山巅峰峦之上，是人们用于登高望远的建筑物。中国古代留存的著名的观景楼较多，如岳阳洞庭湖畔的岳阳楼（图 1.39）、武汉长江之滨的黄鹤楼（图 1.40）、具有天下第一长联的昆明大观楼（图 1.41）、唐朝诗人王之涣笔下闻名古今的运城鹳雀楼（图 1.42）。

明清以来，贵阳甲秀楼（图 1.43）也是文人墨客聚集之处，高人雅士题咏甚多。现楼内大量的古代真迹石刻、木皿、名家书画作品收藏中，以清代贵阳翰林刘玉山所撰 206 字长联为其一绝。

另外，在楼"家族"中较常见的还有修建于城墙之上的城楼。这些楼主要用于军事防御，在中国古城墙保存较好的一些城市（如西安、北京等）和长城上，这类城楼现存较多，如"天下第一关"的山海关城楼（图 1.44）。

钟鼓楼主要建于城中，作为议事之所，目前在北京、西安等地保存较好。藏书用的藏经楼，则在北京、南京等地较多。

图 1.39　岳阳楼

图 1.40　武汉黄鹤楼

图 1.41　昆明大观楼

图 1.42　运城鹳雀楼

图 1.43　贵阳甲秀楼

图 1.44　山海关城楼

4. 阁

阁主要用于远眺、游憩、供佛和藏书。中国现存的古阁很多，在建筑形式上也多种多样，有方形、八角形、圆形等，在结构形式上有木结构的，也有砖石发券结构的。

阁是登高赏景、点缀园林的主要建筑。如南昌赣江之滨的滕王阁（图1.45），王勃在《滕王阁序》中道尽了滕王阁的美丽风景；"海上有仙山，山在虚无缥缈间"的山东烟台蓬莱阁（图1.46）。

图1.45　南昌滕王阁

图1.46　烟台蓬莱阁

还有如天津蓟州区的独乐寺观音阁，总高22.5m，是中国现存最早的一座木结构阁。北京颐和园万寿山中的佛香阁（图1.47），高41m，是中国现存最高的古阁。

除了作为观景、供佛之用外，阁还随着社会的发展逐渐成为收藏珍贵书画和经书的地方。建于明朝嘉靖年间的宁波天一阁（图1.48），是中国现存最早的藏书阁。

图1.47　北京佛香阁

图1.48　宁波天一阁

第2章 土木工程材料

 教学目标

本章主要讲述土木工程材料所包含的种类、材料性质及其在土木工程中的应用。通过本章学习,应达到以下目标。
(1) 掌握基本土木工程材料的种类以及常用的土木工程材料。
(2) 熟悉常用土木工程材料的性质。
(3) 了解新型土木工程材料的发展趋势。

 教学要求

知识要点	能力要求	相关知识
土木工程材料	(1) 了解土木工程材料发展过程 (2) 掌握土木工程材料的种类 (3) 了解新型土木工程材料发展	(1) 土木工程材料发展的几个阶段和新型材料的发展趋势 (2) 土木工程材料的分类
土木工程材料性质	(1) 熟悉土木工程材料性质和特点 (2) 熟悉新型土木工程功能材料性能	(1) 各种土木工程材料的主要成分 (2) 同类土木工程材料的共性与特性
土木工程材料应用	(1) 了解土木工程材料在工程中的使用方法 (2) 掌握不同材料的各自应用范围	新型土木工程材料的研究与应用

 引例　　　　　　　　　古罗马混凝土为何如此耐用

公元 128 年在古罗马落成的万神殿是世界上最大的无钢筋混凝土圆顶(图 2.1),至今仍完好无损,堪称建筑奇迹。那么,古罗马的混凝土为何如此耐用?古罗马人制作的混凝土使用的是生石灰,或者是生石灰与熟石灰的混合料。这些生石灰在被添加到其他成分中之前,并没有先与水混合,而是先添加到火山灰和粗骨料中。由于这个过程会产生热量,导致放热反应,从而可以让高表面积的灰岩屑停留在砂浆环境中,这种方法被称为热混合。热混合是古罗马混凝土超级耐用的核心原因。

图 2.1　古罗马万神殿混凝土圆顶

土木工程中所使用的各种材料统称为土木工程材料。土木工程材料对于土木工程是至关重要的,它们直接影响建筑物或构筑物的性能、功能、寿命和经济成本,从而影响人类生活空间的安全性、方便性、舒适性。

从古至今,土木工程每一次大的飞跃都与土木工程材料的发展息息相关。在远古时代,人类还没有能力去开发自然,因此只能居住在天然洞穴中;进入石器时代,人类开始凿石为洞,伐木为棚;随着人类文明的进步,人类开始利用天然材料进行简单加工,从而出现了砖、瓦等人造土木工程材料;进入近现代,人类利用科技不断开发出性能优越的土木工程材料,从而一次次使土木工程的规模和质量出现大的发展:先是17世纪生铁开始应用在土木工程中,19世纪初,钢铁出现在建筑上,随后在19世纪20年代,波特兰水泥的发明使得混凝土得到了广泛应用。在这个不断发展的过程中,每次一种新的、性能更优越的土木工程材料的出现,都会使土木工程在各方面出现质的飞跃。

2.1　无机胶凝材料

在土木工程材料中,凡是经过一系列的物理、化学作用,能将散粒材料粘结成整体的材料,统称为胶凝材料。胶凝材料按其化学组成,可分为有机胶凝材料(如沥青、树脂等)与无机胶凝材料(如石灰、水泥等)。无机胶凝材料按硬化条件不同,又可分为气硬性胶凝材料和水硬性胶凝材料两种。气硬性胶凝材料是只能在空气中硬化,也只能在空气中保持或继续发展其强度的胶凝材料,如石灰、石膏、水玻璃等。水硬性胶凝材料是不仅能在空气中硬化,而且能在水中更好地硬化,并保持和继续发展其强度的胶凝材料,如水泥等。

1. 石灰

石灰是在土木工程中较早使用的矿物胶凝材料之一。石灰的原料为石灰石,其生产工艺简单,成本低廉,具有较好的建筑性能,故一直广泛应用。

石灰石(图2.2)的主要成分是碳酸钙,将石灰石煅烧,碳酸钙分解成为生石灰。土木工程上使用石灰时,通常将生石灰加水,使之消解成消石灰(氢氧化钙),这个过程称为石灰的"消化",又称"熟化"。生石灰熟化形成的石灰浆,是球状细颗粒高度分散的胶体,表面吸附一层厚的水膜,降低了颗粒之间的摩擦力,具有良好的塑性。在水泥砂浆中掺入石灰浆,可使水泥砂浆的可塑性和保水性显著提高。

石灰在建筑上应用很广,可用于制作石灰乳涂料、配制砂浆、拌制石灰三合土等。

2. 石膏

石膏属于气硬性胶凝材料,它在土木工程中应用很广泛。石膏具有许多优良的建筑性能,可以制成多种建筑制品。石膏的品种很多,建筑上使用最多的是建筑石膏,其次是高强石膏。常用的建筑石膏板如图2.3所示。

图 2.2 石灰石

图 2.3 石膏板

石膏的主要原料是天然二水石膏(二水硫酸钙)和无水石膏(硫酸钙),将二水石膏加热煅烧、脱水、磨细即得到石膏。加热温度和方式不同,可以得到不同性质的石膏产品。建筑石膏具有一系列的优良特性:加水后拌制的浆体具有良好的可塑性、凝结硬化快的特点;凝结硬化时,体积不收缩,而是略有膨胀(膨胀值约为0.15%),这使得石膏制品表面光滑饱满,有良好的充满模型的能力;具有很好的防火性能和隔热、吸声性能;具有良好的调温调湿性和加工性能。建筑石膏的应用很广,其主要的应用为制备粉刷石膏和制作建筑石膏制品。另外,配以纤维增强材料和粘胶剂等的石膏还可用来生产各种浮雕和装饰品,如石膏角线、灯圈、角花等。

3. 水泥

水泥广泛应用于各种土木工程中,是最重要的土木工程材料之一。水泥从诞生至今,为人类社会进步及经济发展作出了巨大贡献,它与钢材、木材一起并称为土木工程的三大基础材料。水泥不仅可以在空气中硬化,还能在水中较好地硬化,并保持和发展其强度,因此水泥属于水硬性胶凝材料。

水泥的生产是以石灰石和黏土为主要原料,经破碎、配料、磨细制成生料,放入水泥窑中煅烧成熟料,加入适量石膏(有时还掺加混合材料或外加剂)磨细而成。通过对各种原料配比的控制,可以制成不同种类的水泥。

水泥的种类繁多,按其主要水硬性物质名称分类,常用的有以下六种:硅酸盐水泥(即国外通称的波特兰水泥)、铝酸盐水泥、硫铝酸盐水泥、磷铝酸盐水泥、氟铝酸盐水泥、以火山灰或潜在水硬性材料及其他活性材料为主要组分的水泥；按其用途及性能又可分为通用水泥和特种水泥。

在土木工程中，硅酸盐水泥是最常用的水泥之一，其特性有：水化凝结硬化快，早期强度高，抗冻性好、干缩小，水化过程中水化热较大，耐腐蚀性能较差，耐热性差。

2.2 混凝土和砂浆

2.2.1 普通混凝土

混凝土是由胶凝材料、粗骨料、细骨料和水按一定的比例配合后搅拌、振捣成型，并经一定时间养护硬化而成的一种人造石材。混凝土普遍用于土木工程的各个领域，是用量最大、用途最广的土木工程材料之一。

1. 普通混凝土种类

混凝土的种类很多。按胶凝材料不同，其分为水泥混凝土、沥青混凝土、石膏混凝土、水玻璃混凝土、聚合物混凝土等；按使用功能不同，其分为结构混凝土、道路混凝土、水工混凝土、耐热混凝土、耐酸混凝土及防辐射混凝土等；按其密度不同，其分为重混凝土、普通混凝土、轻混凝土；按施工工艺不同，其分为喷射混凝土、泵送混凝土、振动灌浆混凝土等。

2. 普通混凝土组成材料

(1) 水泥

水泥是混凝土的重要组成部分，是混凝土的胶凝材料。水泥与水形成水泥浆，水泥浆包裹砂、石颗粒并填充其空隙。硬化前，水泥浆起润滑作用，保证混凝土施工的和易性；硬化后，将砂、石胶结成坚硬整体，形成混凝土的强度。水泥的合理选用包括两个方面。一是水泥品种，配制混凝土时，应根据工程性质、施工条件、环境状况等具体工程条件，按各品种水泥的特性作出合理的选择。二是水泥强度等级，水泥强度等级的选择，应与混凝土的设计强度等级相适应。水泥强度等级过低或过高，都会对工程的安全性、耐久性、经济性产生影响。

(2) 细骨料

混凝土中所用的集料颗粒粒径为0.6～5mm的称为细骨料，即人们通常所说的砂。工程中一般采用的天然砂，如图2.4所示，是由天然岩石风化后所形成的大小不等、由不同矿物散粒组成的混合物。根据产源不同，天然砂一般分为河砂、海砂及山砂。

(3) 粗骨料

混凝土中所用集料颗粒粒径大于5mm的称为粗骨料。常用的粗骨料有碎石和卵石。碎石大多由天然岩石破碎筛分而成，表面粗糙，有利于与水泥粘结，但流动性差。碎石是土木工程中用量最大的粗骨料。卵石是天然岩石经自然条件长期作用而形成的。根据产源不同，卵石一般分为河卵石、海卵石及山卵石。其中河卵石（图2.5）在工程中应用较多，河卵石经河流冲刷，比较圆滑，流动性好，但与水泥的粘结性较差，在相同条件下，河卵石混凝土的强度较碎石混凝土低。

图 2.4　天然砂

图 2.5　河卵石

（4）混凝土用水

混凝土用水的基本质量要求是：不影响混凝土的凝结和硬化；无损于混凝土强度发展及耐久性；不加快钢筋锈蚀；不引起预应力钢筋脆断；不污染混凝土表面。

一般能饮用的水和清洁的天然水，都可用于拌制和养护混凝土。海水不得拌制钢筋混凝土、预应力混凝土及有饰面要求的混凝土。工业废水须经适当处理后才能使用。

（5）外加剂

外加剂是指在拌制混凝土过程中掺入的用以改善混凝土性能的物质，一般不大于水泥重量的 5%（特殊情况除外）。

外加剂按其主要功能，一般分为四类：改善混凝土拌合物流变性能的外加剂，如减水剂、引气剂、泵送剂等；调节混凝土凝结时间和硬化性能的外加剂，如缓凝剂、早强剂等；改善混凝土耐久性的外加剂，如防水剂、阻锈剂、抗冻剂等；提供特殊性能的外加剂，如加气剂、膨胀剂、着色剂等。

3. 混凝土材料特性

混凝土材料具有以下特性：原材料来源丰富，造价低廉；利用模板可以浇筑成任意形状、尺寸的构件或结构；抗压性能好，现已可配置出 100MPa 以上的高强混凝土；与钢材的粘结能力强，可以复合成具有良好力学性能的钢筋混凝土；具有良好耐久性，许多重要混凝土结构的设计使用寿命在 100 年以上；耐火性能好，在高温条件下，混凝土能保持几小时强度。

混凝土也存在着一些缺点。例如混凝土自重较大，抗拉强度差，受力破坏时呈现明显的脆性，另外混凝土的硬化速度较慢、生产周期长等。在使用混凝土时，我们需要采取一些措施来克服这些缺点，同时尽量发挥出混凝土的优势，做到扬长避短、充分利用。

2.2.2 特殊混凝土

1. 智能混凝土

智能混凝土是指在混凝土原有组分基础上复合智能型组分,例如光纤材料、压电陶瓷、碳纤维以及高分子材料等,使混凝土成为具有自感知和记忆、自适应、自修复特性的多功能材料。根据这些特性使得混凝土可以具有如下功能。

① 预报混凝土材料内部损伤。
② 实现混凝土结构自身安全检测。
③ 防止混凝土结构潜在脆性破坏。
④ 实现材料及结构自动修复。
⑤ 提高结构安全性和耐久性。

自 20 世纪 90 年代中期以来,国内外先后开展了智能型水泥基材料的研究,并取得了一些研究成果,例如武汉理工大学和同济大学研究的碳纤维水泥基材料特性等、哈尔滨工业大学研究的光纤传感智能混凝土。国外还对水泥基磁性复合材料、自动调节温度与湿度的水泥基复合材料等进行了研究。但是,有关自修复混凝土的研究还很少,如何快速、适时地愈合混凝土材料的内部损伤,以及对自修复混凝土机理的研究,目前只有少数国家在进行实验室探索研究。

2. 防辐射混凝土

防辐射混凝土是一种能够有效防护对人体有害射线辐射的新型混凝土,也可称为防射线混凝土、屏蔽混凝土、原子能防护混凝土、核反应堆混凝土等。由于该混凝土的表观密度比普通混凝土大,因此又称为重混凝土。防辐射混凝土的研制和应用是随着原子能工业和核技术的发展应用而发展起来的。制作防辐射混凝土的胶凝材料一般采用水化热较低的硅酸盐水泥或高铝水泥、钡水泥、镁氧水泥等特种水泥,用重晶石($BaSO_4$)、磁铁矿($Fe_2O_3 \cdot H_2O$)、褐铁矿(Fe_2O_3)、废钢铁块等作骨料,加入含有硼、镉、锂等的物质,以减弱中子流的穿透强度。

防辐射混凝土特点如下。

① 防 γ 射线要求混凝土容重大。
② 防护快中子射线时,要求混凝土中含氢元素,最好含有较多的水、石蜡等慢化剂。
③ 防护慢速中子射线时,要求混凝土中含硼。

3. 绿色混凝土

绿色混凝土要求混凝土工作者更加自觉地提高混凝土的绿色含量或者加大其绿色度,节约更多的资源、能源,将对环境的影响减到最少,这不仅为了混凝土和土木工程的持续健康发展,更是为了人类的生存和发展。一般认为真正的绿色混凝土应符合以下条件。

① 所使用的水泥必须为绿色水泥。此处的绿色水泥是指将水泥资源利用率和二次能源回收率均提高到最高水平,并能够循环利用其他工业的废渣和废料。

② 最大限度地节约水泥熟料用量,从而减少水泥生产中的副产品——二氧化碳、二氧化硫、氧化氮等气体,以减少环境污染。

③ 更多地掺加经过加工处理的工业废渣,如磨细矿渣、优质粉煤灰、硅灰和稻壳灰等作为活性掺合料,以节约水泥,保护环境,并改善混凝土耐久性。

④ 大量应用以工业废液尤其是黑色纸浆废液为原料制造的减水剂,以及在此基础上研制的其他复合外加剂。

⑤ 集中搅拌混凝土和大力发展预拌商品混凝土,消除现场搅拌混凝土所产生的废料、粉尘和废水,并加强对废料和废水的循环使用。

⑥ 砂石料的开采应该以十分有序且不过分破坏环境为前提。积极利用城市固体垃圾,特别是拆除旧建筑物和构筑物产生的废弃物,如废弃的混凝土、砖、瓦等,以其代替天然砂石料,减少天然砂石料的消耗,发展可再生混凝土。

4. 钢纤维混凝土

钢纤维混凝土是在普通混凝土中掺入乱向分布的短钢纤维所形成的一种新型的多相复合材料。钢纤维如图 2.6 所示。加入混凝土中的钢纤维能够有效地阻碍混凝土内部微裂缝的扩展及宏观裂缝的形成,使混凝土的抗压强度、拉伸强度、抗弯强度、冲击强度、韧性、冲击韧性等性能均得到较大提高,显著地改善了混凝土的延性。普通钢纤维混凝土的纤维体积率在 1%～2%,与之相比,钢纤维混凝土的抗拉强度可提高 40%～80%,抗弯强度提高 60%～120%,抗剪强度提高 50%～100%,抗压强度提高幅度较小,一般在 0～25%,但抗压韧性却大幅度提高。

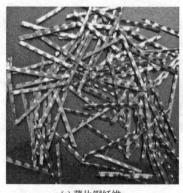 

(a) 薄片钢纤维　　　　　　　　(b) 镀铜钢纤维

图 2.6　钢纤维

随着我国基础建设的蓬勃发展,钢纤维混凝土近年来也得到了逐步应用和发展。目前施工中常使用长 20～40mm,厚 0.5mm 的钢纤维。采用钢纤维混凝土的优点如下。

① 不产生钢纤维的回弹,使用 40mm 的钢纤维时,也能控制回弹。

② 混凝土质量均一,通常可达到 55MPa 的强度;特殊作业时,可达到 100MPa。

③ 环境条件好,粉尘少;作业安全。

④ 水灰比小,透水性低。

⑤ 不需要防腐蚀处理,可防止电解和腐蚀。

根据纤维增强机理的各种理论,诸如纤维间距理论、复合材料理论和微观断裂理论,以及大量的试验数据的分析,可以确定纤维的增强效果主要取决于基体强度,纤维的长径比(钢纤维长度与直径的比值)、纤维的体积率(钢纤维混凝土中钢纤维所占体积百分数)、纤维与基体间的粘结强度,以及纤维在基体中的分布和取向的影响。当钢纤维混凝土破坏时,大多是钢纤维被拔出而不是被拉断,改善钢纤维与基体间的粘结强度是改善纤维增强效果的主要控制因素之一。

因此,改善钢纤维混凝土性能的主要办法如下。
① 增加纤维粘结长度(即增加长径比)。
② 改善基体与钢纤维粘结性能。
③ 改善钢纤维的形状、增加钢纤维与基体间的摩阻力和咬合力。

2.2.3 砂浆

1. 砂浆及其种类

砂浆(图2.7)由细骨料(砂)和胶凝材料(水泥、石灰等)和水按一定的比例制成的土木工程材料。砂浆在土木工程中应用广泛,它起到粘结、衬垫和传递应力的作用。按胶结材料的不同,砂浆可分为水泥砂浆、石灰砂浆和混合砂浆;按用途的不同,砂浆可以分为砌筑砂浆、抹面砂浆和特种砂浆。土木工程中砂浆主要用于砌筑墙体和抹面工程。

图 2.7 砂浆

2. 砂浆的强度与和易性

砂浆强度等级是以标准试块经标准养护28d的抗压强度来确定的。砂浆共分为七个等级:M0.4、M1.0、M2.5、M5、M7.5、M10、M15。砂浆强度直接影响砌体的强度和与建筑物表面的粘结力。一般砂浆强度越高,砌体强度越高,抹面的粘结力越强。抹面所用砂浆中水泥与砂的体积比通常采用1:2或1:3。水泥砂浆强度主要取决于水泥标号、用量及水灰比(水与水泥重量比)。石灰砂浆强度比较低,一般在0.2~0.4MPa。混合砂浆强度主要取决于水泥、石灰和砂的配合比。

砂浆的流动性和保水性称为和易性。在施工过程中,要求砂浆应具有良好的和易性。砂子过粗则保水性差,砂子过细则降低强度,故砂浆宜用中砂配制。

2.3 砖和瓦与功能材料

墙体材料是构成建筑物实体且用量最多的土木工程材料。在建筑中，墙体材料除发挥围护、保温、隔热、分隔、屏蔽、隔声等作用外，有时还要承受荷载，是重要的土木工程材料。按照墙体材料生产方法的不同，可分为烧结类墙体材料和非烧结类墙体材料。

功能材料则是指赋予建筑物防水、保温隔热、隔声、防火等功能的土木工程材料。

2.3.1 砖

（1）烧结砖

经过成型、干燥、焙烧而成的砌筑墙体的材料称为烧结类墙体材料。烧结类墙体材料按组成成分可分为黏土砖、页岩砖、粉煤灰砖、煤矸石砖；按孔洞率可分为实心砖（图2.8）、多孔砖（图2.9）和空心砖（图2.10）。

图 2.8　实心砖　　　　　　图 2.9　多孔砖　　　　　　图 2.10　空心砖

黏土砖的原料主要是黏土，黏土中含有高岭土、蒙脱石、伊利石、石英、长石、碳酸盐和含铁矿物等成分。其生产工艺要经过原料配制、混合匀化、制坯、干燥、预热、焙烧等过程。在用粉煤灰、煤矸石、页岩等为原料时，也应该掺加一定比例的黏土以满足制坯时对塑性的要求。焙烧过程是个复杂的化学反应过程，砖坯在焙烧过程中，应严格控制窑内的温度及温度分布的均匀性，避免产生欠火砖和过火砖。

（2）非烧结砖

经过成型、干燥、蒸压而成的砌筑墙体的材料称为非烧结类墙体材料。非烧结类墙体材料主要是指蒸压砖（图2.11）。

蒸压砖是以石灰和含硅材料（砂子、粉煤灰、煤矸石、炉渣、页岩等）加水拌和，压制成型，再经蒸汽养护或蒸压养护而成的砌筑用砌块。蒸压砖具有适用性强、原料来源广、节约资源、制作方便、不破坏耕地等诸多优点。

根据其所用主要原料不同,蒸压砖主要有为三类:灰砂砖、粉煤灰砖、炉渣砖。

炉渣砖又称煤渣砖(图 2.12),是以煤燃烧后的炉渣为原料,加入适量的石灰搅拌均匀,经过蒸压过程所形成的砌块。炉渣砖呈黑灰色,按照抗压和抗折强度分为三个强度等级,按物理性能和外观质量分为一等、二等两个产品级别。

图 2.11　蒸压砖

图 2.12　煤渣砖

由于蒸压砖的原料及制作工艺的特性,上述三类型蒸压砖在使用时需注意避免在长期高温(高于 200℃)、急冷急热交替作用、酸性介质侵蚀和流水冲刷的地方使用。

2.3.2　瓦

土木工程中使用的瓦类型很多,按材料分为土瓦、沥青瓦、水泥瓦、彩钢瓦、琉璃瓦和塑料瓦。土瓦是以黏土作为主要原料或再加入碎的沉积成分高温烧成的;沥青瓦是以沥青为主要材料制作而成,全名为玻纤胎沥青瓦;水泥瓦是用水泥砂浆压模而成,如水泥与石棉纤维混合压制,则称为水泥石棉瓦;彩钢瓦是以镀铝锌钢板轧制而成;琉璃瓦是以矿石作为原料加工而成;塑料瓦是以聚氯乙烯树脂(简称 PVC)为结构基材,表层采用丙烯酸类工程塑料等高耐候性塑料树脂,复合共挤制成,一般不含石棉。

(1) 土瓦

建筑物上普遍使用的土瓦一般是铺设屋顶、围墙、门洞之上或其他装饰构件上的土木

(a) 平瓦

(b) 滴水瓦

图 2.13　土瓦

图 2.14 琉璃瓦

工程材料，一般用陶土烧制而成，形状有拱形的、平的或半个圆筒形的等。屋面瓦按形状分主要有：平瓦、三曲瓦、双筒瓦、鱼鳞瓦、牛舌瓦、板瓦、筒瓦、滴水瓦、脊瓦、沟头瓦、J形瓦、S形瓦和其他异形瓦，如图 2.13(a) 和图 2.13(b) 所示。

（2）琉璃瓦

琉璃瓦（图 2.14）是采用优质矿石原料，经过筛选粉碎，高压成型，高温烧制而成的。琉璃瓦具有自净能力，雨雪不会堆积，防水性能好，观赏价值极高。

（3）水泥瓦

水泥瓦（图 2.15）是近年来较流行的一种屋面材料之一。这种瓦强度高，造型新颖、流畅、防水性能好，常用于高档别墅、花园洋房等坡面屋顶。

（4）塑料瓦

现在农村地区的陶土瓦大都不再生产了，旧房上的土瓦又年久损坏需要更换，于是，现代工业发明了塑料瓦（图 2.16）。

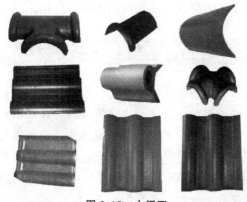

图 2.15 水泥瓦

图 2.16 塑料瓦

2.3.3 功能材料

建筑功能材料种类繁多，现主要介绍防水材料、保温隔热材料以及几种常用的装饰材料。

1. 防水材料

防水材料的主要作用是防潮、防漏和防渗，避免水和盐分对土木工程材料的浸蚀，保护建筑构件。

最早被广泛使用的防水材料是沥青，沥青是一种黑色或黑褐色的有机胶凝材料，具有良好的憎水性和防腐蚀性能，同时又能和其他材料牢固粘结，是一种优良的、使用广泛的防水材料。沥青防水材料分为两种，沥青基防水涂料和沥青防水卷材（图 2.17）。

沥青基防水涂料是指将黏稠状态的沥青，涂抹在基体表面，使之在基体表面形成具有一定弹性的连续薄膜，从而使基体表层与水隔绝，起到防水、防潮的作用。

沥青基防水涂料的主要特点有：对涂抹基体表面形状没有限制，适宜在复杂表面处形成完整的防水膜；成膜后自重轻，适合在薄壳屋面上做防水层；在涂抹施工时可以冷施工，速度快、操作简单、易修补。

图 2.17　沥青防水卷材

沥青基防水卷材是指以各种石油沥青为防水基材，以原纸、织物、纤维等为胎基，用不同矿物粉料、粒料合成高分子薄膜、金属膜作为隔离材料所制成的可卷曲的片状防水材料。普通沥青防水卷材具有原材料来源广、价格低廉、施工技术成熟等优点，可以满足一般建筑物的防水要求。

2. 保温隔热材料

在建筑中采用较好的保温隔热技术和材料，对减薄围护结构、减轻建筑物的自重、节约建筑能耗具有重要的意义。保温隔热材料可分为无机保温材料和有机保温材料，其中无机保温材料根据其形状不同可以又分为粒状材料和纤维材料。

粒状材料主要有珍珠岩和蛭石。

珍珠岩是一种常用的保温材料，来源于一种天然酸性玻璃质火山熔岩非金属矿产，在高温（1000~1300℃）条件下其体积迅速膨胀 4~30 倍。它可以直接作为保温填充材料，也可以将胶结材料与膨胀珍珠岩胶结在一起制成各种形状的制品，还可以用膨胀珍珠岩粉加水泥制成水泥珍珠岩砂浆涂抹在墙面上做保温隔热层。另一种相似的材料是蛭石，在经高温焙烧后，体积迅速膨胀 8~20 倍，其应用方法与珍珠岩相似。

纤维材料因其疏松多孔的构造而具有保温功能，现常用的主要有矿物棉和玻璃棉。

矿物棉又称岩棉（图 2.18），是以火山玄武岩为主要原料，加入石灰石，经高温熔化、蒸汽或压缩空气喷吹而成的短纤维状保温材料。岩棉可以直接作为填充保温材料，也可以经过胶结后制成岩棉板材、毡或管壳。玻璃棉是继岩棉之后出现的一种性能优越的保温材料。生产时先将玻璃熔化，再用离心法或气体喷射法将其制成絮状。玻璃棉具有不燃、无毒、耐腐蚀、容重小、导热系数低、化学性能稳定等特点，是一种较好的隔热和吸声材料，可以用来絮状填充，也可以制成带状、毡状或板材状制品。

有机保温材料主要包括泡沫塑料、软木板、蜂窝板。泡沫塑料是以各种树脂为基料，加入一定剂量的发泡剂、催化剂、稳定剂等辅助材料，经加热发泡制成的一种轻质、保温、隔热、吸声、防振材料；软木板耐腐蚀、耐水，能阴燃而不起火焰，多用于天花板、隔墙板或护墙板；蜂窝板是由两块较薄的面板粘结在一层较厚的蜂窝状芯材两面形成的板材，也称蜂窝夹层结构。蜂窝板必须与芯材牢固地粘结在一起，才能显示出蜂窝板的导热性能差和抗震性能好等优良特点。

3. 建筑装饰材料

装饰材料是指内墙面、外墙面、地面和顶棚铺设、粘贴或涂刷的饰面材料。装饰材料种类繁多，在这里仅简要介绍几种常用的材料，它们分别是石材、陶瓷与玻璃。

石材资源丰富，强度高、硬度大、耐久性好、颜色绚丽，加工后具有很强的装饰效果，是一种重要的装饰材料。石材种类很多，在日常生活中用得最多的装饰石材是花岗岩和大理石。石材可广泛用作室内室外地面或墙面的装饰材料（图 2.19）。

图 2.18　岩棉

图 2.19　建筑石材

凡以黏土、长石，石英为基本原料，经配料、制坯、干燥、焙烧而制得的成品，统称为陶瓷制品。用于建筑工程的陶瓷制品，则称为建筑陶瓷，主要包括釉面砖、外墙面砖、地面砖、陶瓷锦砖（马赛克）、卫生陶瓷等。建筑陶瓷应用广泛，是室内外墙面及地面装饰的重要材料。

在进入近现代后，玻璃的应用已从开始时简单的窗用材料，发展为具有保温隔热、控光、隔声及内外装饰的多功能的建筑光学材料。玻璃的种类繁多，通过对原材料和生产工艺的控制，可生产出许多具有不同特性的玻璃，其具有一系列的优良特性，可以满足人们对于各种不同用途的需求。

2.4　合成高分子材料

合成高分子化合物是指由许多低分子化合物作为组成单元，多次互相重复连接聚合而成的物质。合成高分子材料作为高分子材料的主体，是 19 世纪 30 年代才开始发展起来的一类新材料，发展极其迅速，现已进入人类生活的各个方面。合成高分子材料已成为一种重要的、必不可少的土木工程材料。

合成高分子材料有许多的优良的特性，如优良的加工性能、质量轻、导热系数小、化学稳定性较好、功能的可设计性强、出色的装饰能力、电绝缘性好等。但同时其也具有一些缺点，如易老化、可燃性、毒性大、耐热性差等。

土木工程中常用的合成高分子材料主要以下几种。

（1）建筑塑料

塑料是以聚合物为基本材料，加入各种添加剂后，在一定温度和压力下混合、塑化、成型的材料或制品的总称。建筑塑料是在土木建筑工程中所使用的塑料制品的总称。

土木工程中常用的塑料种类有：聚氯乙烯、聚乙烯、聚苯乙烯等塑料。塑料在土木工程中常用于制作塑料门窗、管材和型材等。塑料与其他合成高分子材料一样具有以下特性：质量轻、比强度高、可塑性好、耐腐蚀性好、耐热性差、热膨胀系数高、易老化、可燃等。

（2）建筑涂料

建筑涂料是一种重要的建筑装饰材料，将建筑涂料涂抹在墙体表面，涂料对墙体起美观或者保护作用。常用的工业涂料有环氧树脂、聚氨酯等。

（3）粘胶剂

粘胶剂是能将各种材料紧密的粘结在一起的物质的总称，它也是一种重要的高分子材料。用粘胶剂粘结建筑构件、装饰品等不仅美观大方、工艺简单，而且还可以起到隔离、密封和防腐的作用。

人类在很久以前就开始使用淀粉、树胶等天然高分子材料做粘合剂。现代粘合剂根据其使用方式可以分为聚合型（如环氧树脂）、热融型（如尼龙、聚乙烯）、加压型（如天然橡胶）、水溶型（如淀粉）。

合成橡胶

2.5 建筑钢材与木材

2.5.1 建筑钢材

建筑工程中使用的各种钢材称为建筑钢材，它包括钢结构中所用的各种型钢、钢板和钢筋混凝土用的钢筋、钢丝等，以及钢门窗和各种建筑五金等。

从 19 世纪初，人类开始将钢材用于建造桥梁和房屋。到 19 世纪中叶，钢材的品种、规格、生产规模大幅度增长，强度不断提高，相应地与钢材有关的加工技术（切割和连接等）也大为发展，这些为土木工程结构向大跨、重载方向发展奠定了重要基础。与此同时，钢筋混凝土问世，并在 20 世纪 20 年代出现了预应力钢筋混凝土，使近代土木工程结构的形式和规模产生了飞跃性的进展。

土木工程中使用的钢材可划分为钢结构常用的型钢（图 2.20）和钢筋混凝土常用的线材（图 2.21）两大类，型钢主要指轧制成的各种型钢、钢轨、钢板、钢管等。线材主要指钢筋或钢丝。土木工程常用的钢筋有粗钢筋和细钢筋。钢丝有碳素钢丝、刻痕钢丝和钢绞线。

钢材作为主要的建筑材料之一，具有强度高、塑性和韧性好、能承受冲击和振动荷载、具有良好的加工性能、便于装配等优点，在建筑工程中应用广泛，尤其在高层、超高层建筑物以及桥梁中，钢材作为主要的结构材料，可以使人们获得大跨度、高承载力的承重构件。钢材的缺点是易锈蚀和耐火性差。

图 2.20　型钢

图 2.21　钢筋

2.5.2　建筑木材

木材是一种历史悠久的工程材料。早在两千多年前，中国就有许多以木材作为主要结构材料的大型土木工程。在工程建筑中，木材的用途广泛，屋架、梁、门窗、地板、桥梁、混凝土模板及室内装饰等，都可以使用木材（图 2.22）。

(a) 原木

(b) 料木

图 2.22　木材

木材有很多的优点，如轻质高强；易于加工；有良好的弹性和韧性；能承受冲击和振动作用；导电和导热性能低；木纹美丽，装饰性好等。但木材也有缺点，如构造不均匀；易吸湿、吸水，因而产生较大的湿胀、干缩变形；易燃、易腐等。不过，这些缺点经过加工和处理后，均能得到较大程度的改善。

树木分为针叶树和阔叶树。适用于建筑工程的针叶树有松树和杉树等树种，其材质多松软、纹理直、密度小、强度高、易加工，树干通直高大，且耐腐蚀，是主要建筑用材，可用于承重结构和装饰材料。阔叶树常用树种有榆木、水曲柳、柞木、械木等，树木通直部分较短，材质较硬、密度高、胀缩大、易变形、易开裂，由于材质硬又称之为硬木。其加工困难，但纹理美观，常被加工成较小尺寸的木料或制成胶合板用于室内装饰和制作家具。

由于木材构造质地不均，其强度呈各向异性，即木材强度与其受力方向有很大关系。木材按受力方向分顺纹受力、横纹受力和斜纹受力。木材按受力性质分受拉、压、弯、剪四种情况。木材顺纹抗拉强度最高，横纹抗拉强度最低。

本章小结

木材和石材是最早使用的土木工程材料。随着人类文明的进步，人类通过对天然材料的简单加工得到了砖、瓦等人造土木工程材料。17世纪生铁在土木工程中的应用和19世纪水泥的发明使土木工程出现了质的飞跃。随着社会的进步，人类对土木工程提出了更高的要求，进入21世纪后，土木工程材料正向着高性能、多功能、安全和可持续发展的方向改进。

思考题

1. 什么是无机胶凝材料？
2. 简述混凝土材料的优缺点。
3. 试举三种常用的功能材料并简述其工作原理。
4. 什么是合成高分子材料？简述高分子材料的优缺点。
5. 土木工程中常用的建筑钢材和木材有哪几种？简述其特点。

阅读材料　　　　　　　　**发光混凝土**

常见的混凝土材料多是灰色调，但你是否好奇过当混凝土与光学材料和不同的骨料结合时会发生什么丰富变化呢？

发光混凝土是发光石与混凝土结合而成的发光材料，其主要原材料是发光石。在生产或是现场施工时，在铺好的发光石上浇筑混凝土，通过抛光工艺实现白天吸收太阳光，夜间放光的装饰效果。这种发光混凝土的颜色取决于发光石本身的颜色。另外，发光石是一种人造石，可现场直接施工，也可以在工厂预制成各种板材或是制品。发光混凝土因材料本身特性不需要电，在园林景观装饰中比较常用，一般不适用于室内或没有阳光的地方。搭配使用沥青混凝土，通过现场浇筑工艺制作自发光路面，如图2.23所示。

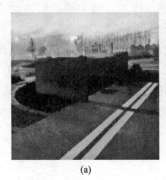  

(a)　　　　　　　　　　　(b)　　　　　　　　　　　(c)

图 2.23　自发光路面

第3章 地基与基础工程

 **教学目标**

本章主要讲述浅基础、深基础和地基处理的基本概念及分类。通过本章学习，应达到以下目标。

（1）了解建筑场地勘察的基本程序与方法和地基处理的意义和基本方法。

（2）理解浅基础、深基础的概念和类型及其应用范围。

 **教学要求**

知识要点	能力要求	相关知识
建筑场地勘察与地基处理	（1）了解建筑场地勘察的基本程序与方法 （2）了解地基处理的意义和基本方法	（1）常用的岩土工程勘察方法 （2）各种地基处理方法的适用范围
浅基础	（1）理解浅基础的概念 （2）掌握浅基础的基本分类	不同浅基础的特点及其应用范围
深基础	（1）理解深基础的概念 （2）掌握深基础的基本分类	（1）不同深基础的特点及其应用范围 （2）区别工程桩与复合地基中的桩

 引例 虎丘塔

图 3.1 虎丘塔

虎丘塔（图 3.1）位于苏州市西北虎丘公园山顶，原名云岩寺塔，宋太祖建隆年（公元 961 年）落成，距今已有 1000 多年的历史，全塔 7 层，高 47.5m。1980 年现场调查发现，全塔向东北方向严重倾斜，塔顶离中心线已达 2.31m，底层塔身均产生很多裂缝，成为危险建筑而封闭。

工程师对其采取地基加固处理，在塔四周建造一圈桩排式地下连续墙，以减少塔基土流失和地基土的侧向变形。在离塔外墙约 3m 处，用人工挖直径 1.4m 的桩孔深入基岩 50cm，浇筑钢筋混凝土。同时，再对其用钻孔注浆和树根桩加固塔基。钻孔注水泥浆位于第一期工程桩排式圆环形地下连续墙与塔基之间，孔径 90mm，由外及里分三排圆环形，注浆共 113 孔，注入浆液达 26637m³。树根桩位于塔身内顺回廊中心和八个壶门内，共做 32 根垂直向树根桩。由此可见重要建筑的地基勘察与基础设计非常重要。

一般来说，工业与民用建筑、高层建筑、桥梁等各类建筑物均由两大部分组成。通常以室外地面整平标高（或河床最大冲刷线）为基准，基准线以上部分为上部结构，基准线以下部分为下部结构。将上部结构荷载传递给地基土、连接上部结构与地基土的下部结构称为基础。在远古时代的建筑活动中，人类就已创造了自己的地基基础工艺。中国西安半坡村新石器时代遗址和殷墟遗址的考古发掘，都发现有土台和基础。著名的赵州桥将桥台基础置于密实砂土层上，据考证1000多年来沉降仅为几厘米。

3.1 建筑场地勘察与地基处理

3.1.1 建筑场地勘察

1. 建筑场地勘察的目的和任务

作为承受基础传来荷载的地基，必须具有一定的强度和变形能力，而地基的强度和变形能力主要取决于建筑场地的地质状况，因此，基于安全和经济的考虑，各项工程在设计和施工前，都必须按照基本建设程序进行建筑场地的岩土工程地质勘察。

对建筑场地地基勘察的目的是运用各种勘察手段和方法，调查研究和分析评价建筑场地的工程地质条件，从地基的强度、变形和场地的稳定性等方面获取建筑场地及其有关地区的工程地质条件的原始资料，为工程建设规划、设计、施工提供可靠的地质依据，以充分利用有利的自然和地质条件，避开或改造不利的地质条件，保证建筑物的安全和正常使用。工程地质勘察必须结合具体建筑物类型、要求和特点以及当地的自然条件和环境来进行，勘察工作要有明确的目的性和针对性。

根据《工程勘察通用规范》（GB 55017—2021）的规定，岩土工程勘察应该按照建设各阶段的要求，正确反映工程地质条件，主要任务如下。

(1) 查明建筑场地的地质条件，选择地质条件优良的场地。

(2) 查明场区内崩塌、滑坡、岩溶等不良地质现象，分析其对建筑场地稳定性的危害程度，为拟定改善和防治这些不良地质现象的措施提供地质依据。

(3) 查明建筑物地基岩土的地层时代、岩性、地质构造、土的成因类型及其埋藏分布规律，测定地基岩土的物理力学性质。

一般来说，建筑场地的工程重要性、复杂程度和地基复杂程度不同，勘察的任务、内容和要求也不同。因此岩土工程勘察的等级，应根据工程重要性等级（表3-1）、场地复杂程度等级（表3-2）和地基复杂程度等级（表3-3）综合考虑来确定。

表3-1 工程重要性等级划分

安全等级	破坏后果	工程类型
一级	很严重	重要工程

续表

安全等级	破坏后果	工程类型
二级	严重	一般工程
三级	不严重	次要工程

表 3-2 场地复杂程度等级划分

场地等级	特点
一级	对建筑抗震危险的地段;不良地质现象强烈发育;地质环境已经或可能受到强烈破坏;地形地貌复杂
二级	对建筑抗震不利的地段;不良地质现象一般发育;地质环境已经或可能受到一般破坏;地形地貌较复杂
三级	抗震设防烈度等于或小于 6 度,对建筑抗震有利的地段;不良地质现象不发育;地质环境基本未受破坏;地形地貌简单

表 3-3 地基复杂程度等级划分

种类	等级		
	一级(复杂地基)	二级(中等复杂地基)	三级(简单地基)
岩土种类	种类多,很不均匀,性质变化大,需特殊处理	种类较多,不均匀,性质变化较大	种类单一,均匀,性质变化不大
特殊岩土	严重湿陷,膨胀,盐渍,污染的特殊岩土及需作专门处理的岩土	除复杂地基所规定的特殊性岩土以外的特殊性岩土	无特殊岩土

2. 岩土工程勘察阶段划分

岩土工程勘察等级不同,工作内容、方法和详细程度也不同。与设计阶段相适应,岩土工程勘察一般可分为可行性研究勘察、初步勘察和详细勘察三个阶段。对于工程地质条件复杂或有特殊施工要求的重要建筑工程,如特殊地质条件、特殊土地基等,还应增加施工勘察。对于面积不大,且工程地质条件简单的场地或有建筑经验的地区,可适当地简化勘察阶段。对于建筑性质和总平面位置已经确定的工程,可直接一次性勘察。

(1) 可行性研究勘察阶段

可行性研究勘察对于大型工程是非常重要的环节,其目的是从总体上判定拟建场地的工程地质条件能否适宜工程建设项目。一般通过取得几个候选场址的工程地质资料进行对比分析,对拟选场址的稳定性和适宜性作出工程地质评价。其内容主要包括:

① 搜集区域地质、地形地貌、地震、矿产和附近地区的工程地质资料及当地的建筑经验。

② 在收集和分析已有资料的基础上,通过踏勘了解场地的地层、构造、岩石和土的性质、不良地质现象及地下水等工程地质条件。

③ 对工程地质条件复杂,已有资料不符合要求但其他方面条件较好且倾向于选取的场地,应根据具体情况进行工程地质测绘及必要的勘探工作。

(2) 初步勘察阶段

初步勘察是在选定的建设场址上进行的。根据选址报告了解建设项目类型、规模、建设物高度、基础的形式及埋置深度和主要设备等情况。初步勘察的目的是对场地内建筑地段的稳定性作出评价；为确定建筑总平面布置、主要建筑物地基基础设计方案以及不良地质现象的防治工程方案作出工程地质论证。其主要内容如下。

① 搜集拟建项目的相关文件和资料、建筑场区的地形图、有关工程性质及工程规模的文件。

② 初步查明地质构造、地层构造、岩石和土的性质；地下水埋藏条件、冻结深度、不良地质现象的成因和分布范围及其对场地稳定性的影响程度和发展趋势。

③ 对抗震设防烈度为7度或7度以上的场地，应判定场地和地基的地震效应。对高层结构的初步勘察，在搜集分析已有资料的基础上，应对可能采取的地基基础类型、基坑开挖与支护、基坑降水方案等进行初步的勘察与分析，并给出合理评价。

(3) 详细勘察阶段

详细勘察的目的是提供设计所需工程地质条件的各项技术参数，对建筑地基作出岩土工程评价，并为地基类型、基础形式、地基处理和加固、不良地质现象的防治工程等具体方案提出基础建议。其主要内容如下。

① 搜集附有坐标及地形的建筑物总平面布置图，各建筑物的地面整平标高、建筑物的性质和规模，可能采取的基础形式与尺寸和预计埋置的深度，建筑物的单位荷载和总荷载、结构特点和对地基基础的特殊要求等资料。

② 查明不良地质现象的成因、类型、分布范围、发展趋势及危害程度，并提出评价与整治所需的岩土技术参数和整治方案建议。

③ 查明建筑物范围内各岩土层的类别、深度、分布、工程特性，计算地基承载力和评价地基稳定性。

④ 对抗震设防烈度大于或等于6度的场地，应划分场地土类型和场地类别；对抗震设防烈度大于或等于7度的场地，应分析预测地震效应，判定饱和砂土和粉土的地震液化可能性，并对液化等级作出评价。

⑤ 查明地下水的埋藏条件，判定地下水对土木工程材料的腐蚀性。当需基坑降水设计时，还应查明地下水水位变化幅度与规律，提供地层的渗透性系数；对需进行沉降计算的建筑物，还应提出地基变形计算参数，预测建筑物的沉降、差异沉降或整体倾斜。

3. 岩土工程勘察方法

常用的岩土工程勘察方法主要包括钻探、室内土工试验与原位测试。

(1) 钻探

钻探是指用一定的钻探设备、工具（如钻机等）来破碎地壳岩石或土层，从而在地壳中形成一个直径较小、深度较大的钻孔的过程。通过取出的岩心可直观地确定地层岩性、地质构造、岩体风化特征等。可从钻孔中取出岩样、水样进行室内试验，或利用钻孔可进行工程地质、水文地质及灌浆试验、长期观测工作以及地应力测量等。钻探是岩土工程勘察中最常用的一种方法。对土层进行钻探时，取土数量和质量是非常重要的，取土试样的竖向间距，应按照设计和施工的要求、土层的均匀性和代表性来确定。一般在受力层内每隔1～2m采取原状土试样一个，对每个场地内每一主要土层的原状土试样不应少于6个，当土质不均匀或结构松散难以采取原状土试样时，应采用原位测试方法。

(2) 室内土工试验

从钻孔中取得原状土试样后，应立即封蜡防止水分流失，注明试样的上下端以及取样深度并及时送实验室进行试验。《工程勘察通用规范》(GB 55017—2021) 规定各类工程均应测定下列土的分类指标和物理性质指标。

① 砂土：颗粒级配、比重、天然含水量、天然密度、最大和最小密度。

② 粉土：颗粒级配、液限、塑限、比重、天然含水量、天然密度和有机质含量。

③ 黏性土：液限、塑限、比重、天然含水量、天然密度和有机质含量。

因此，土的室内物理性质试验通常包括：土的颗粒分析试验，含水量试验，比重试验，密度试验，液、塑限试验，有机质含量试验，渗透试验和击实试验。

(3) 原位测试

由于土样在采集、运送、保存和制备过程中会不可避免地受到扰动，室内试验结果的精度会受到一定程度地影响，所以采用原位试验可在原位的应力条件、天然含水量下直接测定岩土的性质，测定结果较为可靠，原位测试主要有以下几种方法。

① 载荷试验。在现场的天然土层上，通过一定面积的荷载板向土层施加竖向静载荷，并测定压力 p 和沉降 s 的关系。根据 p - s 曲线测定土的变形模量来评定土的承载力。此法适用于密实沙，硬塑黏性土等低压缩性土。

② 静力触探试验。利用静压力将圆锥形金属探头压入地基土中，依据电测技术测得贯入阻力的大小来判定地基土的工程性质。其适用范围：黏性土、粉土、砂土、含少量碎石的土层。

③ 标准贯入度试验。标准贯入度试验是用63.5kg的穿心锤，落距76cm，将贯入器打入土中30cm所用的击数 N 值的大小来判定岩土的性质，适用于粉土、砂土和一般黏性土。

④ 十字板剪切试验。将十字形金属板插入钻孔的土层中，施以匀速的扭矩，直至土体破坏，从而求得土的不排水抗剪强度，适用于原位测定饱和和软黏土。

4. 岩土工程勘察报告

岩土工程勘察报告是在前期勘察过程中，通过收集、调查、勘察、室内试验和原位试验等获得的原始资料基础上以文字和图表反映出来的勘察结果。岩土工程勘察报告的内容，应根据任务的要求、勘察阶段、地质条件和工程特点等具体情况确定，一般应包括以下内容。

① 勘察的目的、要求和任务。

② 拟建工程概况。

③ 勘察方法及各项勘察工作的数量布置及依据。

④ 场地工程地质条件分析，包括地形地貌、地层岩性、地质构造、水文地质和不良地质现象等内容，对场地稳定性和适宜性作出评价。

⑤ 岩土参数的分析与选用，包括各项岩土性质指标的测试结果及其可靠性和适宜性，评价其变异性，提出其标准值。

⑥ 工程施工和使用期间可能发生的岩土工程问题的预测及监控、预防措施。

⑦ 成果报告还应附有必要的图表：勘察点平面布置图，工程地质柱状图，工程地质剖面图，原位测试成果图表，室内试验成果图表，岩土利用、整治、改造方案的有关图表，岩土工程计算简图及计算成果图表。

岩土工程勘察报告一般分为绪论、一般部分、专门部分和结论四部分。

3.1.2 地基处理

我国地域辽阔、环境多样、土质各异、地基条件有时很复杂。在工程建设中，有时会不可避免地遇到地质条件不良或软弱地基，为了使地基能够很好地满足承载和变形的要求，人们需要对其进行必要的处理。

1. 地基处理意义

地基处理就是通过采用各种地基处理方法，改善地基土的工程性质，以满足工程设计的要求。

地基处理的历史可追溯到远古时代，中国劳动人民在地基处理方面积累了极其宝贵的丰富经验。从西安半坡村新石器时代的遗址中，柱基的地基和柱坑周围的回填土内，发现掺有"红烧土碎块、粗陶片"，说明当时人们已开始用换土法处理地基。北京城墙基础、陕西省三原县的清河龙桥护堤等都是灰土夯实筑成的，至今坚硬如石。

软基处理真空预压施工方案，真空预压软基处理施工流程

许多现代的地基处理技术都可以在古代找到它的雏形。中国古代在沿海地区极其软弱的地基上修建海塘时，采用每年农闲时逐年填筑（即现代堆载预压法中称为分期填筑的方法），利用前期荷载使地基逐年固结，从而提高土的抗剪强度，以适应下一期荷载的施加。

随着国家经济建设的迅速发展，大型工业厂房和高层建筑的增加，地基处理技术日新月异，出现了许多新的地基处理方法，这些方法满足了建筑物对地基强度与稳定性和变形的要求。

2. 地基处理方法

强夯法施工过程

地基处理方法有很多种。按处理土性对象可分为砂性土处理和黏性土处理，饱和土处理和非饱和土处理；按处理时间可分为临时处理和永久处理；按处理深度可分为浅层处理和深层处理。

通常按地基处理的作用机理对地基处理方法进行分类如下。

（1）置换法

真空预压地基处理过程

置换法是指利用物理力学性质较好的岩土材料替换天然地基中部分或全部软弱土体，以形成双层地基或复合地基。该方法可提高地基承载力、减少沉降量，也可消除或部分消除土的湿陷性和胀缩性，还可防止土的冻胀作用并能改善土的抗液化性能。

置换法分有换土垫层法、挤淤置换法、褥垫法、砂石桩置换法、石灰桩法等。换土垫层法（图3.2）常用于基坑面积宽大和开挖土方量较大的

回填土方工程，其适用于处理浅层地基，一般不大于3m。

（2）深层密实法

深层密实法是指采用爆破、夯击、挤压或振动等方法，对松软地基土进行振动或挤压，使地基土体孔隙比减小、土体密实、抗剪强度提高，以实现提高地基承载力和减小沉降，达到地基处理的目的。深层密实法按照施工机具和方式的不同，分有爆破法、强夯法和挤密法。

软土路基
强夯施工

（3）排水固结法

排水固结法也称预压法，是指软土地基在附加荷载的作用下完成排水固结，使孔隙比减小、抗剪强度提高（图3.3）。该方法可使地基的沉降在加载预压期间基本完成或大部分完成，从而使建筑物在使用期间不致产生过大的沉降和沉降差；同时增加了地基土的抗剪强度，从而提高了地基的承载力和稳定性。故该方法常用于解决软黏土地基的沉降和稳定问题。

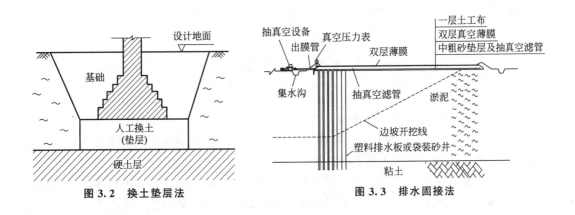

图3.2 换土垫层法　　　　图3.3 排水固接法

（4）加筋法

加筋法是指在地基中设置强度高、弹性模量大的筋材，用以提高地基承载力，减小沉降和增加地基稳定性。

加筋土适用于人工填土的路堤和挡墙结构；土工合成材料适用于砂土、黏性土和软土；土锚、土钉和锚钉板适用于土坡；树根桩适用于各类土，可用于稳定土坡支挡结构，或用于对既有建筑物的托换工程。

（5）胶结法

胶结法是指向土体内灌入或拌入水泥、水泥砂浆以及石灰等化学浆液，通过灌注压入、高压喷射或机械搅拌，使浆液与土颗粒胶结起来，在地基中形成加固体或增强体，以达到改善地基土的物理和力学性质的目的。

胶结法可分为注浆法、高压喷射注浆法和水泥土搅拌法，其适用于处理淤泥、淤泥质土、黏性土、粉土等地基。

（6）热学处理法

热学处理法按照温度的不同可分为热加固法和冻结法。热加固法是通过焙烧、加热地基土体，依靠热传导将细颗粒土加热到100℃以上；冻结法是采用液体氮或二氧化碳的机械制冷设备与一个封闭式液压系统相连接，让冷却液在系统内流动，从而使软而湿的地基土体冻结。热学处理法会增加土的强度、降低土的压缩性，改变土体物理力学性质以满足地基处理的目的。

热加固法适用于非饱和黏性土、粉土和湿陷性黄土。冻结法适用于各类土，特别在软土地质条件，开挖深度大于 7m，且低于地下水位的情况下是一种非常有用的施工措施。

（7）纠倾和迁移法

纠倾是指对因沉降不均匀造成倾斜的建筑物进行矫正，具体有加载纠倾、掏土纠倾、顶升纠倾和综合纠倾等。迁移是指将已有建筑物从原来的位置移到新的位置，即进行整体迁移。纠倾和迁移也需要灵活应用各种地基处理方法。

地基处理的方法很多，许多方法还在不断发展和完善中。需要指出的是：任何一种地基处理方法都不是万能的，都有其局限性。因而在选用某一种地基处理方法时，一定要根据地基土质条件、工程要求、工期、造价、施工机械条件等因素综合分析再确定。对已选定的地基处理方案，可先在有代表性的场地上进行相应的现场试验，以检验设计参数、选择合理的施工方法和确定处理效果。另外也可采用两种或多种地基处理方法。

3.2　浅基础

一般把位于天然地基上、埋置深度 3～5m 的一般基础（柱基或墙基）或者埋置深度超过 5m，但小于基础宽度的大尺寸基础（如箱形基础），且只需排水、挖槽等普通施工即可建造的基础，统称为天然地基上的浅基础。

在建筑地基基础中，建筑埋在地面以下的部分称为基础，是建筑物的根本。地基可分为天然地基和人工地基。自然状态下即可满足承担基础全部荷载要求，不需要人工处理的天然土层称为天然地基，适用于土层地质条件较好的情况。如果天然浅层地基土为软弱土或有不良土时，地基承载力不足或沉降量超出容许沉降量，需要经过人工加固或处理后才能修筑基础的地基称为人工地基。

基础埋置深度是指基础的底面到室外设计地面的距离，简称基础埋深。对于地下室，当采用箱形基础或筏形基础时，基础埋置深度自室外地面标高算起；当采用独立基础或条形基础时，基础埋置深度应从室内地面标高算起。在桥梁结构中，无冲刷河流的基础埋置深度是指河底或地面至基础底面的距离；有冲刷河流的基础埋置深度是指局部冲刷线至基础底面的距离。对于小桥涵基础埋置深度，还应考虑冲刷深度和冰冻深度。

天然地基上的浅基础埋置深度较浅，自然状态下即可满足承担基础全部荷载要求，无须人工处理，节约工程造价，因而设计时宜优先选用天然地基；而在地质状况不佳的条件下，如坡地、沙地或淤泥地质，或虽然土层质地较好，但上部荷载过大时，为使地基具有足够的承载能力，则要采用人工加固地基，即人工地基。

浅基础按结构形式分类，可分为扩展基础、连续基础、筏形基础、箱形基础和壳体基础。

（1）扩展基础

扩展基础是指底部横截面上承受的压强远大于地基承载力时，通过在墙、柱下设置水平截面向下扩大的基础等方式，将荷载扩散分布于基础底面，从而满足地基承载力和变形的要求。扩展基础根据所用材料可分为无筋扩展基础和钢筋混凝土扩展基础。

① 无筋扩展基础。无筋扩展基础是指由砖、毛石、混凝土、毛石混凝土、灰土（石灰和土料按体积比3∶7或2∶8）和三合土（石灰、砂和骨料加水泥混合而成）等材料组成的无须配置钢筋的墙下条形基础或柱下独立基础（图3.4）。无筋扩展基础的材料具有较好的抗压性能，但抗拉、抗剪强度不高，适用于多层民用建筑和轻型厂房。无筋扩展基础可分为砖基础、砌石基础、三合土基础、素混凝土基础等。

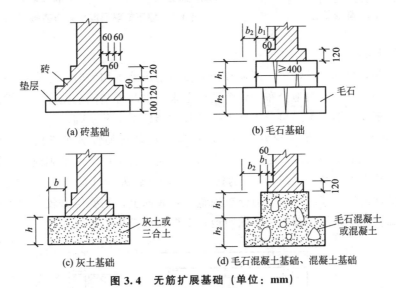

图 3.4 无筋扩展基础（单位：mm）

在桥梁结构中，无筋扩展基础常用的材料有混凝土、粗石料和片石、砖。

② 钢筋混凝土扩展基础。钢筋混凝土扩展基础包括柱下钢筋混凝土独立基础和墙下钢筋混凝土条形基础。这类基础的抗弯和抗剪性能一般较好，可在竖向荷载较大、地基承载力不高以及承受水平荷载作用时采用。与无筋扩展基础相比，钢筋混凝土扩展基础高度小，更适合基础埋置深度较小情况下使用。

柱下钢筋混凝土独立基础是钢筋混凝土扩展基础中最常用和最经济的形式，可用砖、毛石或素混凝土制作。柱下钢筋混凝土独立基础的截面常做成角锥形或台阶形，如图3.5所示。预制柱则采用杯形基础（图3.6），用于装配式单层工业厂房。

若混凝土结构基础宽度较大时，可采用墙下钢筋混凝土条形基础，使其浅埋。如果地基不均匀，可采用有肋梁的钢筋混凝土条形基础，肋梁内配纵向钢筋和箍筋，可增强基础的整体性和抗弯能力，以承受由不均匀沉降引起的弯曲应力，如图3.7所示。

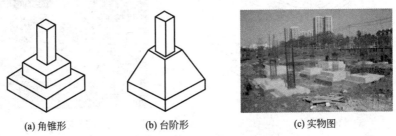

图 3.5 柱下钢筋混凝土独立基础

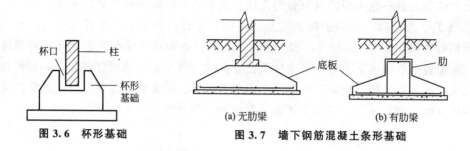

图 3.6 杯形基础　　　　　图 3.7 墙下钢筋混凝土条形基础

(2) 连续基础

当地基软弱，承载力较低，上部荷载较大使地基压缩不均匀时，通常将相邻的基础联合起来，使上部的力较均匀地分布到整个基底上来，以改善基础的受力，这样就形成了连续基础。连续基础按形式不同可分为柱下条形基础和柱下交叉基础。

① 柱下条形基础。当地基较为软弱、柱荷载或地基压缩性分布不均匀，采用扩展基础时可能产生较大的不均匀沉降时，通常将同一方向上若干柱子的基础连成一体，形成柱下条形基础。柱下条形基础（图 3.8）的整体抗弯刚度较大，具有调整不均匀沉降的能力，并能将所承受柱的集中荷载较均匀地分布到整个基底面上，基底压力较均匀，但造价通常高于扩展基础。柱下条形基础常用于软弱地基上框架或排架结构的基础。

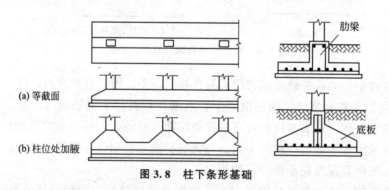

图 3.8 柱下条形基础

② 柱下交叉基础。如果地基土软弱且在两个方向分布不均匀，而基础需要纵横两个方向均有足够的空间刚度来调整不均匀沉降，减少基础之间的沉降差，可在柱网下沿纵横两个方向交叉节点处柱下分别设置钢筋混凝土条形基础，进一步扩大基础底面，形成柱下交叉基础（图 3.9）。

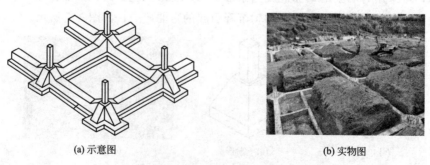

图 3.9 柱下交叉基础

(3) 筏形基础

若采用墙下条形基础和柱下交叉基础都不能满足地基变形要求时，则需要将墙或柱下基础连成一片，使整个建筑物的荷载承受在一块整板上，这种满堂式的板式基础称为筏形基础（图 3.10）。筏形基础常用于承重墙较密的多高层，具体可分为平板式和梁板式。

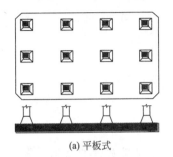 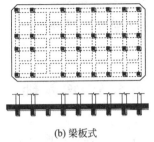 

(a) 平板式　　　　　　　(b) 梁板式　　　　　　　(c) 实物图

图 3.10　筏形基础

筏形基础由于底面积大，故可减小基底压力，同时提高地基土的承载力（尤其在有地下室时），并能更有效地增强基础的整体性，能有效调整各个柱子的不均匀沉降。

(4) 箱形基础

箱形基础是由钢筋混凝土底板、顶板和纵横墙体组成的整体结构。箱形基础刚度极大，抗震性能好，具有补偿效应，是高层建筑广泛采用的一种基础形式（图 3.11）。箱形基础具有较大的基础底面、较深的埋置深度和中空的结构形式，建筑物自重和荷载产生的基底压力可用开挖卸去的土的重量得以补偿，提高地基的稳定性，降低基础沉降量，从而基本上消除了因地基变形而使建筑物开裂的可能性。但为保证箱形基础的刚度，要求设置较多的内墙，受墙开洞率的限制，当箱形基础作为地下室时，施工技术较为复杂，且对地下室使用带来一些不便。

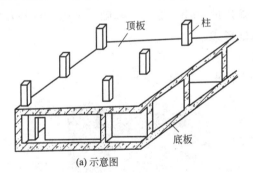 

(a) 示意图　　　　　　　　　　　　(b) 实物图

图 3.11　箱形基础

(5) 壳体基础

为了更好利用混凝土的抗压性能，改善基础的受力状态，基础的形状可做成各种形式的壳体，称为壳体基础（图 3.12）。壳体基础有正圆锥形、倒圆锥形、正倒锥组合形、椭圆锥形、M 形、正筒形、倒筒形和双曲抛物线形。壳体基础可将径向压力转化为混凝土的压力，充分发挥混凝土材料抗压强度高的优点，通常用作一般工业与民用建筑物的柱基和筒形构筑物，如烟囱、水塔、筒仓、中小型高炉、电视塔等的基础。壳体基础优点是省材料、造价低。

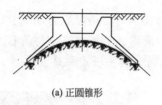 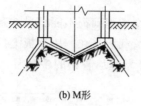 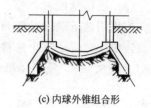

(a) 正圆锥形　　　　　　　(b) M形　　　　　　　(c) 内球外锥组合形

图 3.12　壳体基础

3.3　深基础

位于地基深处承载力较高的土层上、埋置深度大于5m或大于基础宽度的基础，称为深基础，其作用是将所承受的荷载相对集中地传递到地基的深层。

通常当上部建筑物荷载较大，而适合作为持力层的土层又埋藏较深，建筑场地的天然浅基础经地基加固仍不能满足工程对地基承载力和变形的要求时，常采用深基础。深基础主要有桩基础、沉井基础、地下连续墙和墩基础等。其中以桩基础应用最为广泛。

1. 桩基础（图 3.13）

桩是设置于岩土中的竖直或倾斜的构件，其自身长度远远大于横截面尺寸。因此桩基础又称桩基，由设置在土中的桩和承接上部结构的承台组成。根据承台承接桩数的不同，可分为一个承台承接一根桩和一个承台承接多根桩，后者又称群桩基础。

桩基础具有承载力高、稳定性好、沉降量小且均匀等特点。当建筑物荷载较大，且地基软弱，采用天然地基其承载力不足或沉降量过大时，常用桩基础。因此，桩基础成为在不良土质地区修建各种建筑物常采用的基础形式。

根据不同的标准可对桩进行以下分类。

（1）根据承台与地面的相对位置可分为低承台桩和高承台桩。

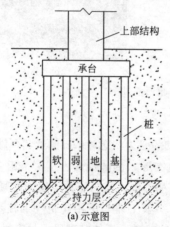 

(a) 示意图　　　　　　　　　　(b) 实物图

图 3.13　桩基础

(2) 根据承载性状可分为端承型桩和摩擦型桩（图3.14）。根据桩端和桩侧所受阻力的比例，端承型桩可分为端承桩和摩擦端承桩，摩擦型桩可分为摩擦桩和端承摩擦桩。

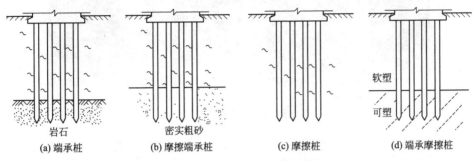

图3.14 端承型桩与摩擦型桩

(3) 根据桩身材料不同可分为木桩、混凝土桩、钢筋混凝土桩、钢桩、组合材料桩等。

(4) 根据施工方法可分为预制桩和灌注桩。

(5) 根据成桩方法及产生的挤土效应可分为非挤土桩、挤土桩、部分挤土桩。

(6) 根据桩轴方向可分为竖直桩和斜桩。

(7) 根据使用功能可分为竖向抗压桩、竖向抗拔桩、水平受荷桩和复合受荷桩。

(8) 根据桩长 L 不同可分为短桩（$L<10m$）、中长桩（$10m \leqslant L < 30m$）、长桩（$30m \leqslant L \leqslant 50m$）和超长桩（$L>50m$）。

(9) 根据桩端是否有扩底可分为扩底桩和非扩底桩。其中扩底桩按照扩底部分的施工方法又可分为挖扩桩、钻扩桩、挤扩桩、夯扩桩、爆扩桩、振扩桩等。

钻孔灌注桩施工工艺3D动画

沉井施工工艺流程3D动画

2. 沉井基础

沉井基础是以沉井法施工的地下结构物的一种深基础形式。由刃脚、井壁、隔墙、凹槽等部分组成，一般采取分数节制作。沉井工程主要包括沉井制作和沉井下沉。施工时先在地表制作成一个井筒状的结构物（沉井），通过从井内不断挖土（图3.15），依靠自身重量克服井壁摩阻力逐渐下沉，逐节接长井筒，当沉井下沉到设计标高时用混凝土封底，最后浇注钢筋混凝土底板，构成地下结构物，或在井筒内用素混凝土或砂砾石填充，构成深基础。

沉井既是基础，又是施工时的挡土和挡水围堰结构，施工工艺并不复杂，根据不同的标准可对沉井进行以下分类。

(1) 按施工方法：一般沉井和浮运沉井。

(2) 按平面外观形状：单孔或多孔圆形沉井、矩形沉井、圆端沉井及网格形沉井。

(3) 按竖直剖面外形：竖直式沉井、倾斜式沉井及阶梯式沉井。

(a) 砌筑井壁　　　　　　　　　(b) 取土下沉

图 3.15　沉井基础

（4）按土木工程材料：混凝土沉井、钢筋混凝土沉井、竹筋混凝土沉井、钢沉井。

沉井基础的优点是埋置深度可以很大、整体性强、稳定性好，能承受较大的垂直荷载和水平荷载、挖除土方量小，不必大量回填、在下沉过程中不必采取很深的用以支撑坑壁的防水围堰而节约大量支撑费用。沉井基础的缺点是施工期较长；对细砂及粉砂类土在井内抽水易发生流砂现象，造成沉井倾斜；沉井下沉过程中遇到的大孤石、树干或井底岩层表面倾斜过大，均会给施工带来一定困难。综合考虑经济因素和施工可能性，沉井基础多用于桥梁墩台基础、取水构筑物、污水泵站、地下工业厂房、大型设备基础、地下仓库、人防隐蔽所、盾构拼装井、船坞、矿用竖井，以及地下车道及车站等大型深埋基础和地下构筑物的围壁。

根据经济合理和安全可靠的原则，下列情况宜采用沉井基础。

（1）当上部荷载较大，结构对基础的沉降变形敏感，而表层地基土的承载力不足，做扩大基础开挖工作量大且支撑困难，但在一定深度下的土层有较好的承载力时。

（2）在山区河流中，虽然浅层土质承载力较好，但水流冲刷大，或河底有较大卵石不便桩基础施工时。

（3）岩层表面较平坦且覆盖层薄，但河水较深，围堰困难，不便采用扩大基础施工时。

武汉鹦鹉洲长江大桥北锚碇设计采用"多孔圆环＋十字撑"截面新型重力式沉井基础，沉井外径 66m，内径 41.4m，总高 43m，下沉总深 45m，混凝土总用量 9656m^3，是国内直径最大的圆形桥梁沉井结构，如图 3.16 所示。

图 3.16　武汉鹦鹉洲长江大桥北锚碇沉井施工

3. 地下连续墙

地下连续墙是利用一定的设备和机具，在稳定液护壁的条件下，沿已构筑好的导墙钻挖一段深槽，在槽内放置钢筋笼，浇注混凝土，筑成一段混凝土墙，逐步重复，形成一道连续的地下钢筋混凝土基础构筑物。图 3.17 所示为地下连续墙施工流程示意图，布置形式分为条形、并列形、T 形、十字形、H 形、工字形、辐射形及矩形。

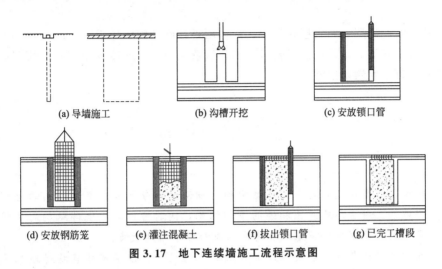

图 3.17 地下连续墙施工流程示意图

地下连续墙的特点是刚度大、结构和耐久性好，结构形式灵活多变；施工时产生的振动小，噪声低，适用于城市施工；对周围地基的扰动较小，易于控制沉降和变形，适用于多种地质条件；可以实行逆作业施工，有利于施工进度控制，经济合理。

地下连续墙主要起挡土、挡水（防渗）和承重作用。按墙的用途可分为：防渗墙、临时挡土墙、永久挡土墙、基础；按构造形式可分为：分离壁式、整体壁式、单独壁式、重壁式；按成槽方法可分为：槽板式（或称壁板式）地下墙、桩排式地下墙和组合式地下墙；按墙体材料可分为：刚性混凝土墙、塑性混凝土墙、自凝灰浆墙和固化灰浆防渗墙等。

4. 墩基础

墩基础（图 3.18）是土木工程中常用的一种深基础，常利用机械或人工在地基中开挖成孔后灌注混凝土形成。从外形和工作机理上墩与桩很难严格区分，在中国工程界通常将置于地基土中，用以传递上部结构荷载的杆状构件通称为桩。墩的断面尺寸较大，相对墩身较短，体积巨大。墩身一般不能预制，也不能打入、压入地基，只能现场灌注或砌筑而成。一般认为墩的直径大于 0.8m；墩身长度为 6~20m；长径比不大于 30。

墩基础具有较高的竖向承载力和水平承载力，扩底墩基础还可抵抗很大的上拔力，且与沉井基础相比，墩基础施工一般只需轻型机具，具有较大的经济优势，因

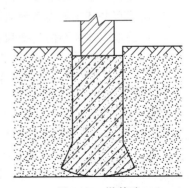

图 3.18 墩基础

此墩基础广泛应用于桥梁、海洋钻井平台和港口码头等近海建筑物中。在中国西南山区，常常用直径（或边长）达几米的大尺寸墩治理滑坡，抵抗滑动力。在广州、深圳等地较广泛采用的"一柱一桩"实际上是一柱一墩，单墩承载力达几亿牛顿，可作高层建筑物的基础。

根据现场施工条件的影响，下列情况宜采用墩基础。

（1）当上部结构传递的荷载大且集中、地基平面布置受场地条件限制时，墩基础可代替群桩基础。

（2）较密实的砂层、卵石层地基中，打桩困难，墩基则较易于施工。

（3）为避免施工振动及土的隆起对已有建筑造成损坏，或造成先打入桩的侧移及其他不利现象时，可采用墩基础施工。

本章小结

一般来说，各类建筑主要由上部结构和基础两大部分组成。上部结构的荷载通过基础传递给地基土或者与地基土相连的下部结构，同时可以减小上部结构的位移或者不均匀沉降。按埋置深度可将基础分为浅基础和深基础两大类。

地基处理是通过各种方法改善地基基础的工程性质，以满足建筑物对地基承载力和变形的要求。

思考题

1. 简述浅基础的类型，举例说明扩展基础的应用。
2. 简述深基础的类型。
3. 简述桩基础的概念及其分类。
4. 为什么要进行地基处理？简述地基处理方法的分类。
5. 简述沉井基础的类型和适用范围。
6. 简述地下连续墙的类型和施工步骤。

建筑纠偏：如何"扶正"一栋建筑物？

阅读材料　　　　比萨斜塔的纠偏

意大利比萨斜塔高达56m，历时177年才竣工，如图3.19所示。但因为地基较浅且地下土体不稳定发生下陷，塔在修建之初就出现轻微倾斜，随着工程进展，倾斜度不断增加，最终导致塔南面地基比北面低约2m。1990年稳固"扶正"工程开始前，斜塔以每年约1mm的速度向南倾斜。它呈现出标志性的倾斜，斜塔之前与垂直线之间的角度为5.5°。

比萨斜塔因为它的"斜"而闻名于世，但是倾斜角度太大也会给这幢建筑物带来倒塌的危险。为此，意大利于1990年至2001年对斜塔进行稳固"扶正"。

"扶正"比萨斜塔的工程主要措施是将向南倾斜的塔基北侧地基下的土慢慢抽出。经过11年的努力，工作人员将比萨斜塔的倾斜弧度减少了39cm，将比萨斜塔的倾斜角度从原来的5.5°修正为现在的3.99°。已基本恢复到1700年的状态。

另外，由于比萨斜塔距离地中海较近，频繁的暴雨袭击让重达14500t的塔身受损和褪色。从2001年开始，一个由10名专家组成的强力修复小组使用激光、凿子、针管等清洗塔身，耗时多年，让塔身的24424块石料焕然一新。修复小组的负责人表示说：

图3.19　比萨斜塔

"石料的状况十分糟糕，这主要是空气污染导致的，游人和鸽子也要负一定的责任。再加上塔身倾斜导致风和雨水带来的海盐沉积在局部区域，这都导致很多石料被侵蚀。我们已经取出了过去修复时使用的混凝土，连被鸽子粪便腐蚀的地方、游人们乱涂乱画的痕迹以及在攀爬旋梯时留下的手印都被我们清理干净了。"

专家表示，经过这次修复之后，比萨斜塔在未来200年内都可以安然无恙，无须再进行加固。"斜塔一度濒临倒塌，但我们设法使其停止倾斜，并保持固定。"护塔组织的发言人说。

第4章 建筑工程

教学目标

本章主要讲述建筑工程的相关知识。通过本章的学习，应达到以下目标。
(1) 掌握建筑工程常用的基本构件。
(2) 掌握高层建筑的特点和结构体系。
(3) 了解智能建筑、绿色建筑和生态建筑及发展趋势。
(4) 了解常用的几种特种结构。

教学要求

知识要点	能力要求	相关知识
基本构件	掌握基本构件的类型及作用	板、梁、柱、墙的受力特点
单层建筑与两层建筑	(1) 单层工业厂房的组成与结构特点 (2) 掌握两层建筑的结构体系	单层工业厂房应用
多层建筑与高层建筑	了解多层建筑与高层建筑的结构体系和特点	(1) 多层建筑结构设计考虑因素 (2) 高层建筑设计控制因素
智能建筑与绿色建筑	了解智能建筑和绿色建筑的概念	智能建筑和绿色建筑的应用
特种结构	了解常用的几种特种结构	水塔、油库、筒仓、烟囱

 引例　　　　　　　　　天下第一关——山海关

"天下第一关"包括关城、东罗城以及城楼、靖边楼、牧营楼、临闾楼等。

关城平面呈方形，周长约 4km。城墙高 14m，厚 7m，内用夯土填筑，外用青砖包砌。东墙的南北两侧与长城相连，墙上有奎光阁、牧营楼、威远堂、临闾楼等建筑。东、南、北三面城外挖掘了深 8m、宽 17m 的护城河并架设吊桥。城中心筑有钟鼓楼。

山海关的四面均开辟城门，东、西、南、北分别称"镇东门""迎恩门""望洋门"和"威远门"。四门上原先都筑有高大的城楼,但目前仅存镇东门城楼。镇东门面向关外,最为重要,由外至内设有卫城、罗城、瓮城和城门四道防护。城门为巨大的砖砌拱门,位于长方形城台的中部。城台高12m,其上的城楼高13m,宽20m,进深11m,为砖木结构的二层楼重檐歇山顶建筑。城楼上层西面有门,其余三面设箭窗68个,平时以窗板掩盖。

衣食住行是人们生活的四大要素,人们向往宽敞、明亮、坚固、耐用的住宅;同时,高楼林立的城市、现代化的工厂、标志性的公共建筑,都与建筑工程息息相关。

人们通常所说的建筑包含有两层含义:一是表示建造活动;二是表示这种活动的成果。建筑的目的是取得一种人为的环境,供人们从事各种活动。建筑的成果通常分为两类:建筑物和构筑物。可供人们在其中进行生产、生活或其他活动的房屋或场所称为建筑物,如学校、影剧院、厂房等;而人们不在其中生产、生活的建筑则叫作构筑物,如水塔、烟囱、堤坝、电视塔、筒仓等。

4.1 基本构件

装配式建筑施工动画

一般的房屋建筑主要由板、梁、柱、墙、拱、基础等构件组成,前面章节已经阐述基础,在此不再赘述。以下对其他构件的类型和作用进行论述。

1. 板

板是指平面尺寸较大而厚度相对较小的平面结构构件。板主要承受垂直于板面方向的荷载,受力以弯矩、剪力、扭矩为主,但在结构计算中剪力和扭矩往往可以忽略不计。板通常水平设置,但有时也斜向设置,如楼梯板。板在建筑工程中的应用有楼板、楼梯板、屋面板等。按照不同的分类标准,板可以分类如下。

(1) 按平面形状划分:方形板、矩形板、圆形板、扇形板、三角形板、梯形板和各种异形板等。

(2) 按支撑条件划分:四边支撑板、三边支撑板、两边支撑板、一边支撑板和四角点支撑板等。

(3) 按支撑边的约束条件划分:简支边板、固定边板、连续边板和自由边板等。

(4) 按截面形状划分:实心板、空心板、槽形板、单(双)T形板、单(双)向密肋板和压型钢板等。

(5) 按所用材料划分:木板、钢板、钢筋混凝土板和复合板等。

(6) 按受力特点划分:单向板和双向板两种。

单向板指板上的荷载沿一个方向传递到支承构件上的板(图4.1);双向板指板上的荷载沿两个方向传递到支承构件上的板(图4.2)。当矩形板为两边支承时为单向板;当为四边支承时,板上的荷载沿双向传递到四边,则为双向板。根据理论分析,当板的长边L_1与短边L_2之比$L_1/L_2 \geq 2$时,沿L_2方向传递的荷载不超过6%,因此对于四边支承板,当$L_1/L_2 \leq 2$时为双向板,当$2 < L_1/L_2 < 3$时宜为双向板,$L_1/L_2 \geq 3$时为单向板。

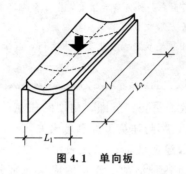
图 4.1 单向板
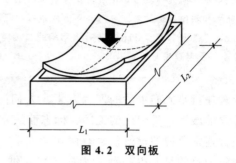
图 4.2 双向板

2. 梁

梁是工程结构中的受弯构件，通常水平放置，用来支撑板并承受板传来的各种竖向荷载和梁的自重，但有时也斜向设置以满足使用要求，如楼梯梁。与其他横向结构（如拱）相比，梁的受力性能要差得多，但梁的施工工艺简单，便于分析结构内力，所以在中小跨度的结构中应用广泛。

梁的截面高度与跨度之比一般为 1/16～1/8，大于 1/4 的梁称为深梁；梁的截面高度通常大于截面的宽度，但因工程需要，梁宽大于梁高时，称为扁梁；梁的截面高度沿轴线变化时，称为变截面梁。

按照不同的分类标准，梁可以分类如下。

(1) 按截面形式划分：矩形梁、T 形梁、倒 T 形梁、L 形梁、Z 形梁、槽形梁、箱形梁、空腹梁、叠合梁等，如图 4.3 和图 4.4 所示。

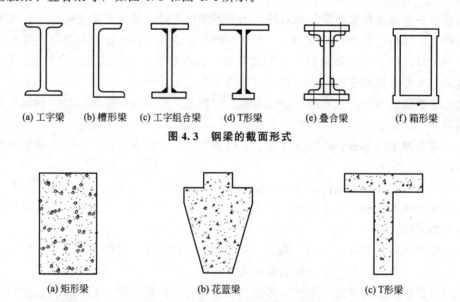

(a) 工字梁　(b) 槽形梁　(c) 工字组合梁　(d) T 形梁　(e) 叠合梁　(f) 箱形梁

图 4.3 钢梁的截面形式

(a) 矩形梁　(b) 花篮梁　(c) T 形梁

图 4.4 钢筋混凝土梁的截面形式

(2) 按所用材料划分：钢梁（图 4.3）、钢筋混凝土梁（图 4.4）、预应力混凝土梁、木梁以及钢与混凝土组成的组合梁等。

(3) 按施工工艺划分：预制梁、现浇梁等。

（4）按梁的支承方式划分：简支梁、悬臂梁、一端简支另一端固定梁、两端固定梁、连续梁等，如图 4.5 所示。

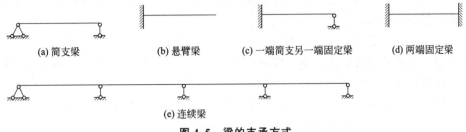

图 4.5　梁的支承方式

① 简支梁：梁的两端搁置在支座上，支座约束梁的垂直位移，梁端可自由转动。在梁的一端加设水平约束，该处的支座称为铰支座，另一端不加水平约束的支座称为滚动支座。

② 悬臂梁：一端是固定支座，另一端为自由端。

③ 一端简支另一端固定梁：在悬臂梁的自由端加设滚动支座。

④ 两端固定梁：两端都是固定支座。

⑤ 连续梁：具有三个或更多支承的梁。

（5）按在结构中的位置划分：主梁、次梁、连梁、圈梁、过梁等。主梁承重且通过两端的支座将力传递给柱。次梁主要起传递荷载的作用。连梁主要用于连接两榀框架，使其成为一个整体。圈梁一般用于砖混结构，通常设置在基础墙、檐口、楼板等处，是连续封闭的梁，用以增强建筑整体的抗震性及墙身的稳定性。过梁一般用于门窗洞口的上部，用以承受洞口上部结构的荷载。

3. 柱

柱是指承受梁传来的荷载及其自重的竖向构件，工程结构中的柱主要承受压力，有时也同时承受弯矩。

按照不同的分类标准，柱可以分类如下。

（1）按截面形式划分：方柱、圆柱、管柱、矩形柱、工字形柱、H 形柱、L 形柱、十字形柱、双肢柱、格构柱、实腹柱等。实腹柱指截面为一个整体，常为混凝土柱；另外一种为型钢组合混凝土柱（图 4.6），多用于高层建筑结构中。

图 4.6　型钢组合混凝土柱的截面形式

（2）按所用材料划分：石柱、砖柱、砌块柱、木柱、钢柱、钢筋混凝土柱、劲性钢筋混凝土柱、钢管混凝土柱和各种组合柱等。

(3) 按破坏形式或长细比划分：短柱、长柱及中长柱。短柱在轴心荷载作用下的破坏是材料强度破坏，长柱在同样荷载作用下的破坏是屈曲破坏，结构丧失稳定。

(4) 按受力形式划分：轴心受压柱和偏心受压柱，后者是受压兼受弯构件。工程结构中的柱大多是偏心受压柱。

(5) 按施工方法划分：现浇柱和预制柱。现浇钢筋混凝土柱支模工作量大、工期长，但整体性好、抗震效果好。预制钢筋混凝土柱施工方便、工期短，但节点连接质量难以保证。工程中常用现浇钢筋混凝土柱。

(6) 按配筋方式划分：普通钢箍柱、螺旋形钢箍柱和劲性钢筋柱。普通钢箍柱适用于各种截面形式，通过普通箍筋来约束纵向受力钢筋的横向变形。螺旋形钢箍柱的截面一般为圆形或多边形，可以明显提高构件的承载能力。

4. 墙

墙是承受梁板传来的荷载及其自重的竖向构件，在重力和竖向荷载作用下主要承受压力，有时也承受弯矩和剪力。非承重墙作为隔断等是非受力构件。

墙体一方面作为围护结构需要提供足够优良的防水、防风、保温、隔热性能，创建适合居住的室内环境；另一方面是空间划分的主要手段，来满足人们对建筑功能、空间的要求。

墙体按形状可分为平面形墙、曲面形墙、折线形墙等；按受力情况可分为以承受重力为主的承重墙、以承受风力为主的剪力墙、抵抗地震产生的水平力为主的抗震墙，以及作为隔断等非受力作用的非承重墙等；按材料可分为砖墙、砌块墙、钢筋混凝土墙、钢格构墙、组合墙等；按施工方式可分为现场制作墙、大型砌块墙、预制板式墙、预制筒体墙等；按位置或功能可分为内墙、外墙、纵墙、横墙、山墙、女儿墙、隔断墙、耐火墙、屏蔽墙、隔声墙等。

5. 拱

拱为曲线结构，主要承受轴向压力，其截面上应力分布均匀，更能发挥材料的作用。拱结构广泛应用于拱桥，但在其他建筑中应用较少，较典型的应用有砖混结构中的砖砌门窗拱形过梁、拱形的大跨度结构。

拱按铰数可分为三铰拱、无铰拱、双铰拱、带拉杆的双铰拱等。

4.2 单层建筑与两层建筑

4.2.1 单层建筑

单层建筑包括一般单层建筑和大跨度建筑。一般单层建筑按照使用目的又可分为单层民用建筑和单层工业厂房。单层民用建筑一般的结构形式为砖混结构，即墙体采用砖墙，屋面板采用钢筋混凝土板。

1. 单层民用建筑

(1) 砖混结构

砖混结构是指建筑物中竖向承重结构的墙、柱等采用砖或者砌块砌筑，横向承重的梁、楼板、屋面板等采用钢筋混凝土结构。砖混结构是以小部分钢筋混凝土及大部分砖墙承重的结构。它属于混合结构的一种，是采用砖墙来承重，钢筋混凝土梁柱板等构件构成的混合结构体系，适合开间进深较小、房间面积小的单层或多层建筑。

由于选材方便、施工简单、工期短、造价低等特点，砖混结构是我国当前单层和多层建筑中使用最广泛的一种建筑形式。

砖混结构建筑的墙体的布置方式有：横墙承重、纵墙承重、纵横墙混合承重。

(2) 竹木结构

竹木结构是符合现代建筑绿色环保和可持续发展趋势的一种独特结构形式。竹木结构设计人性化，居住舒适方便，建造方便快捷。竹木可以形成标准化的构件和板材，以不同的方式灵活地组合，省去砌体结构和混凝土结构房屋所必需的大型机械设备。

竹木结构房屋（图 4.7）能够通过更换损坏部分而得到经常性的维护。竹木可以广泛应用在结构、隔断、面层等各个部分，适应建筑生命周期里的变化。同时，竹木还具有自重轻、弹性好、抗冲击力强等优点，因此具有优越的抗震性能。

(a) 竹结构房屋

(b) 木结构房屋

图 4.7 竹木结构房屋

现代轻型竹结构体系在我国的地震多发地区有较大的应用潜力，竹结构住宅凭借其独特的性能，将会有很大的发展空间。

(3) 大跨结构

大跨结构是指跨度大于 60m 的建筑，多用于民用建筑中的展览馆、体育馆、大会堂、航空港候机大厅等。其结构体系常见的包括：网架结构、网壳结构、悬索结构、悬吊结构、膜结构、充气结构、薄壳结构等。

① 网架结构。网架结构是由多根杆件按照一定的网格形式通过节点连结而成的空间结构（图 4.8）。除了具有空间受力、自重轻、刚度大、抗震性能好等优点，网架结构还具有工业化程度高、自重轻、稳定性好、外形美观等特点。其缺点是交会于节点上的杆件数

量较多，制作安装较平面结构复杂。

网架结构一般是以大致相同的格子或尺寸较小的单元（重复）组成的。

图 4.8　网架结构

图 4.9　网壳结构

通常将平板形的空间网格结构称为网架，将曲面形的空间网格结构称为网壳。网架一般是双层的，以保证必要的刚度，在某些情况下也可做成三层，而网壳有单层和双层两种。平板网架无论在设计、计算、构造还是施工制作等方面均较简便，是近乎"全能"的适用大、中、小跨度屋盖体系。

网架的形式较多：按结构组成分为双层或三层网架；按支承情况分为周边支承、点支承、周边支承和点支承混合、三边支承一边开口等；按照网架组成情况分为由两向或三向平面桁架组成的交叉桁架体系、由三角锥体或四角锥体组成的空间桁架角锥体系等。

② 网壳结构。网壳结构是一种与网架类似的空间网格结构，均以杆件为基础，按一定规律组成网格，按壳体坐标进行布置的空间构架（图 4.9）。它兼具杆系和壳体的双重性质，也综合了薄壳结构和平板网架结构的优点。其传力特点主要是通过壳内两个方向的拉力、压力或剪力逐点传力。

网壳结构是一种有着广阔发展前景的空间结构。其主要的优点是自重轻，施工速度快，建筑造型美观，更适合建造大跨结构。

网壳结构按杆件位置可分为单层网壳和双层网壳；按材料分为钢筋混凝土网壳、钢网壳、胶合木网壳、塑钢网壳和玻璃钢网壳等。

网壳结构最常用的结构形状有：穹顶网壳，筒形网壳，双曲网壳以及双曲抛物面网壳四种。

③ 膜结构。膜结构是 20 世纪中期发展起来的一种新型建筑结构形式，是由多种高强薄膜材料及加强构件（钢架、钢柱或钢索）通过一定方式使其内部产生一定的预张应力以形成某种空间形状，作为覆盖结构，并能承受一定的外荷载作用的一种空间结构形式（图 4.10）。膜只能承受拉力而不能受压和弯曲，其曲面稳定性是依靠互反向的曲率来保障的，习惯上又称空间膜结构。

根据受力特性，膜结构大致可分为充气式膜结构、张拉式膜结构、骨架式膜结构和组合式膜结构等几大类。

膜结构的膜材料就是氟塑料涂层与织物布基按照特定的工艺粘合在一起的薄膜材料。

图 4.10 膜结构

常用的氟塑材料涂层有聚四氟乙烯、聚偏氟乙烯、聚氯乙烯等。织物布基主要用聚酯长丝（涤纶 PES）和玻璃纤维两种。膜结构建筑中最常用的膜材料有聚四氟乙烯膜材料和聚偏氟乙烯膜材料两种。

膜结构具有以下优点：造型轻巧优美、与环境协调性好、施工方便快捷、结构自重轻、安全性好。

2. 单层工业厂房

单层工业厂房（图 4.11）一般采用钢筋混凝土或钢结构，屋盖采用钢屋架结构。单层工业厂房按生产规模可分为大型，中型和小型；按结构材料可分为砌体混合结构、钢结构、钢筋混凝土结构、钢-混凝土混合结构；按结构形式可分为排架结构和刚架结构两大类，其中排架结构是目前单层厂房的基本结构形式。

单层工业厂房具有以下结构特点。

(1) 跨度大，高度大，承受的荷载大，构件的内力大，截面尺寸大，用料多。

(2) 荷载形式多样，并且常承受如吊车荷载、动力设备荷载等动力荷载和移动荷载。

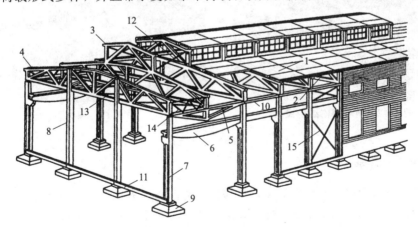

图 4.11 单层工业厂房示意图

1—屋面板；2—天沟板；3—天窗架；4—屋架；5—托架；6—吊车梁；7—排架柱；8—抗风柱；
9—基础；10—系梁；11—基础梁；12—天窗架垂直支撑；13—屋架下弦横向水平支撑；
14—屋架端部垂直支撑；15—柱间支撑。

(3) 隔墙少，柱是承受屋面荷载、墙体荷载、吊车荷载以及地震作用的主要构件。

(4) 基础受力大，对地质勘察的要求较高。

排架结构是由屋架（或屋面梁）、柱、基础等构件组成，柱与屋架铰接，与基础刚接。此类结构能承担较大的荷载，在冶金和机械工业厂房中应用广泛，其跨度可达30m，高度可达20～30m，吊车吨位可达150t。

刚架结构的主要特点是梁与柱刚接，柱与基础通常为铰接。因梁、柱整体结合，故受荷载后，在刚架的转折处将产生较大的弯矩，容易开裂；另外，柱顶在横梁推力的作用下，将产生相对位移，使厂房的跨度发生变化，故此类结构的刚度较差，仅适用于屋盖较轻的厂房或吊车吨位不超过10t、跨度不超过10m的轻型厂房或仓库等。

4.2.2 两层建筑

两层建筑主要包括两层民用建筑和两层工业建筑两种。

1. 两层民用建筑

两层民用建筑可以分为两层居住建筑和两层公共建筑。

两层居住建筑中农村自建房多为砌体结构（图4.12）、框架结构、轻钢结构和竹木结构。由于一些地域的不同，两层居住建筑也各有特色，如我国云南傣族的两层住宅通常为竹楼（图4.13），乔家大院为两层"栏杆式"（图4.14）。

两层公共建筑多为一些公共设施，如办公楼（图4.15）、图书馆、博物馆、火车站、体育馆等。这类结构一般中间为体育活动场地，四周为斜楼板的看台或是狭长的走廊，顶部一般为大跨度的网架、桁架或其他钢结构。

图4.12 两层砌体结构民房

图4.13 傣族竹楼

2. 两层工业建筑

两层工业建筑中以工业厂房为主，厂房一般为砌体（图4.16）或砖混结构，也有由钢材组合形成的钢结构（图4.17）。钢结构自重轻、抗震性能好、施工速度快，主要用于跨度大、空间高、吊车荷载重、高温或振动荷载大厂房。但钢结构易锈蚀，防火性能差，保护维修费用高。

图 4.14　乔家大院

图 4.15　两层办公楼

图 4.16　两层砌体厂房

图 4.17　两层钢架结构厂房

选择排架结构时，应根据厂房的用途、规模、生产工艺和起重运输设备、施工条件、材料供应情况等因素综合分析而定。两层工业厂房主要用于机械制造工业、冶金工业、化纤工业，是工业建筑中的典型代表。

4.3　多层建筑与高层建筑

4.3.1　多层建筑

多层建筑是指建筑高度大于 10m，小于 24m，且建筑层数不少于 3 层，不多于 7 层的建筑。多层建筑最常用的结构形式为砌体结构和框架结构。我国也有很多多层砖木结构，这种结构其实也是一种砌体结构形式，指建筑物中竖向承重结构的墙、柱等采用砖或砌块砌筑，楼板、屋架等用木结构。这种结构建造简单，容易就地取材而且费用较低，通常用于农村的屋舍、庙宇建筑等，比较典型的有著名的福建土楼（图 4.18）和客家土楼。

图 4.18 福建土楼

结构布置形式：土楼按结构可分为内通廊式（客家土楼）和单元式（闽南土楼）。比如福建永定的振成楼建于公元1912年，建筑结构奇特，是楼中有楼的二环楼。外环楼是架梁式的土木结构，内环楼是砖木结构，有外土内洋之称。该楼墙体牢固坚实，不但有抗震、防风、防盗和防火的特点，更有冬暖夏凉的功效。

1. 砌体结构

砌体结构施工
工艺动画模拟

砌体结构（又称砖石结构）是由砌体作为竖向承重结构、由其他材料（一般为钢筋混凝土或木料）构成楼盖所组成的结构。砌体结构具有取材方便、耐火性、耐久性、保温隔热性能好，节约水泥和钢材等优点。但是与钢筋混凝土相比，砌体结构的抗震以及抗裂性能较差、人工施工效率低，常用在层数不高、使用功能要求较简单的民用建筑，如宿舍、住宅等。

砌体结构按砌块材料可分为砖砌体、砌块砌体和石砌体三大类；按竖向荷载的传递路线可分为纵墙承重体系、横墙承重体系、纵横墙承重体系和内框架承重体系。

(1) 纵墙承重体系

对于进深较大的房屋，楼板、屋面板或檩条铺设在梁（或屋架）上，梁（或屋架）支撑在纵墙上，主要由纵墙承受竖向荷载，荷载的传递路线为板→梁（或屋架）→纵墙→基础→地基；对于进深不大的房屋，楼板、屋面板直接搁置在外纵墙上，竖向荷载的传递路线为板→纵墙→基础→地基。

(2) 横墙承重体系

横墙承重体系房屋的楼、屋面板或檩条沿房屋纵向搁置在横墙上，由横墙承重。其主要楼面荷载的传递途线为板→横墙→基础→地基，故称为横墙承重体系。横墙承重体系多用于横墙间距较密、房间开间较小的房屋，如宿舍、招待所、住宅、办公楼等建筑。

(3) 纵横墙承重体系

常见的纵横墙承重体系有两种情况：一种是采用现浇钢筋混凝土楼板，另一种是采用预制短向楼板的大房间。其开间比横墙承重体系大，但空间布置不如纵墙承重体系灵活，整体刚度也介于两者之间，墙体用材、房屋自重也介于两者之间，多用于教学楼、办公楼、医院等建筑。

(4) 内框架承重体系

如果房屋内部由柱子承重，并与楼面大梁组成框架，外墙仍为砌体承重的体系，称为内框架承重体系。内框架承重体系一般常用于多层工业、商业和文教用房等建筑。有时在某些建筑的底层，为了取得较大的使用空间，也采用这种承重体系。

2. 框架结构

框架结构是比较常见的一种结构形式，如图 4.19 所示。框架结构的优点是能适应较大的建筑空间要求，建筑平面布置灵活，结构自重轻，在一定高度范围内造价较低，结构设计和施工简单，结构整体性、抗震性能较好。框架结构常用在要求使用空间较大的建筑，比如大型商场、办公楼、超市、餐厅和书店等。框架结构的缺点是结构抗侧移刚度相对小，在水平荷载作用下水平侧移较大，故一般不适于超高层建筑。

框架结构模型施工建造

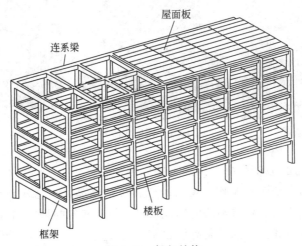

图 4.19　框架结构

框架结构按所用材料可分为钢框架和钢筋混凝土框架；按照框架结构组成可分为梁板式结构和无梁式结构；按施工方法可分为整体式、半现浇式、装配式和装配整体式等。

钢筋混凝土框架的布置方案有横向框架承重、纵向框架承重、纵向和横向框架承重三种。需要提高结构的横向抗侧刚度，有利于立面处理和采光通风时常采用承重框架沿房屋横向布置。若房屋采用大柱网或楼面荷载较大，或有抗震设防要求时，主要承重框架应沿房屋纵向布置，此时横向抗侧刚度小且有利获得较高净空。主要承重框架沿房屋纵向布置，开间布置灵活，适用于层数不多、荷载要求不高的工业厂房。当建筑使用有特殊要求时，承重框架也可沿房屋纵向和横向布置，使得纵横向刚度和整体性均比较好。

4.3.2　高层建筑

对高层建筑的界限各国定义不一，多无严格、绝对的标准。我国《高层建筑混凝土结构技术规程》（JGJ 3—2010）中规定：10 层及以上或房屋高度大于 28m 的建筑物称为高层建筑，并按照结构形式和高度分为 A 级和 B 级。在结构设计中，高层建筑要采取专门的计算方法和构造措施。随着高层建筑高度的大幅增加，出现了超高层建筑。建筑高度超过 100m 的常称为超高层建筑。

实际上，高层建筑并非现代才有，中国古代就有高层建筑。湖南桂阳东塔始建于明朝万历年间，7 层砖石结构，高 30.18m，如图 4.20 所示；西安大雁塔建于公元 652 年，最初 5 层，现为 7 层，塔高 64.5m，如图 4.21 所示；公元 1055 年建成的河北定县料敌塔，11 层筒体结构，高 84.2m，是中国现存最高的古塔（图 4.22）。

图 4.20　桂阳东塔　　　　图 4.21　西安大雁塔　　　　图 4.22　定县料敌塔

18 世纪前后开始的工业革命，科技飞速发展，各种新型技术、材料如雨后春笋般涌现，大大影响着各行各业。建筑作为反映时代科技的结晶，也越建越高。至 19 世纪，伴随着工业革命的迅猛发展和资本经济的形成，一种新的建筑类型的出现，为人类的建筑高度竞争开辟了一个新的角度，这就是高层建筑。在美国，当时由于纽约与芝加哥的地价昂贵且用地不足等，为发展地区经济，增加更多的营业面积，摩天大楼的兴建势不可挡。迫切的需求促使新型的高层建筑的诞生，1885 年建成的芝加哥家庭保险大楼被世界公认为第一座摩天大楼（图 4.23）。这座大楼共 10 层，高 42m，现在看它并不高大，但它却开创了建筑史上的新时期——现代高层建筑的发展时期。

1931 年 102 层的帝国大厦（图 4.24）于纽约落成，此后雄踞世界第一高楼的地位长达 40 多年，成为摩天大楼甚至是纽约的象征。

建筑往往体现着一个时代的科技结晶。在建筑业中，由于土地资源的限制，高层建筑顺应着时代的发展潮流脱颖而出。伴随而来的是设计上的困难，这也使得高层建筑物的设计更加重要。

与多层建筑相比，高层建筑设计具有以下特点。

（1）水平荷载作为设计的决定性因素。

（2）侧移成为设计的控制指标。

（3）轴向变形的影响在设计中不容忽视。

（4）延性成为设计的重要指标。

（5）结构材料用量显著增加。

图 4.23 芝加哥家庭保险大楼

图 4.24 帝国大厦

因高层建筑的高度使得水平侧力显得尤为突出，故其结构体系常称为抗侧力体系。常见的钢筋混凝土抗侧力结构单元有框架、抗震墙、筒体等。在水平荷载作用下，随着建筑高度的增加，侧移变形也快速增加，轴向变形也更加严重。因此需要合理选用、布置结构构件以保证高层建筑有足够的刚度、延性和承载力。

高层建筑按使用的材料可分为混凝土结构、钢结构和钢-混凝土组合结构等类型。

混凝土结构具有取材容易、耐久性和耐火性好、承载能力大、刚度大、造价低、可模性及能浇制成各种复杂的截面和形状等优点。现浇整体式混凝土整体性好，经过合理设计可获得较好的抗震性能。混凝土结构布置灵活方便，可组成各种结构受力体系，在高层建筑中得到广泛应用，特别是在我国和其他一些发展中国家，高层建筑主要以混凝土结构为主。

钢结构具有自重相对轻、强度高、延性好、施工快、抗震性能好等优点，且符合可持续发展战略，低碳、绿色、环保。但其缺点也较为明显：用钢量大、造价高昂、防火和防腐性能较差，表面需要涂装防火防腐材料。随着钢产量的提高，我国钢结构高层建筑也不断增多，其生命力也越来越强。

钢-混凝土组合结构不仅具有钢结构自重轻、施工快、抗震性能好等优点，同时还兼有混凝土结构刚度大、耐火性好、造价低的优点，因而被认为是一种较好的高层建筑结构形式，近年来在我国发展迅速。钢-混凝土组合结构是将钢材放在构件内部，外部由钢筋混凝土筑成，或在钢管内部填充混凝土，做成外包钢构件。

按结构形式，高层建筑可分为框架结构、抗震墙结构、框架-抗震墙结构、框支抗震墙结构、筒体结构及组合结构。

1. 框架结构

由梁、柱构件通过节点连接组成的竖向承重结构，同时可承受水平荷载的结构称为框架结构。框架结构强度高、自重轻，具有良好的整体性和抗震性。框架结构抗侧移刚度小、侧移大、对支座不均匀沉降较敏感，这些特点限制了其建造高度，框架结构高层建筑的合理层数一般为8~15层，如图4.25所示。

2. 抗震墙结构

利用建筑墙体作为承受竖向荷载、抵抗水平荷载的结构称为抗震墙结构，此结构全部由抗震墙承重而不设置框架。

抗震墙结构的刚度、强度都比较高，有一定延性，结构传力直接、均匀，整体性好，抗震性能好。因此这种结构形式适合建造较高的高层建筑。从十几层到三十几层都适用，在四五十层及更高的建筑中也适用。抗震墙结构的缺点也很明显，墙间间距限制了其布置的灵活度，并不适合公共建筑对大空间的要求。此外，抗震墙结构自重也较大。

图4.25 框架结构高层建筑

3. 框架-抗震墙结构

框架-抗震墙结构是框架结构中辅以抗震墙所组成的组合体系。单独的框架结构抗侧移刚度小，侧移较大，而抗震墙抗水平荷载能力强，可承担绝大部分的水平荷载，框架结构则承担竖向荷载，两者合作，共同受力，合理分工。这种结构属半刚性结构，既有框架结构布置灵活、延性好的特点，也有抗震墙结构刚度大、承载力大的特点，广泛应用于高层建筑，如图4.26和图4.27所示。

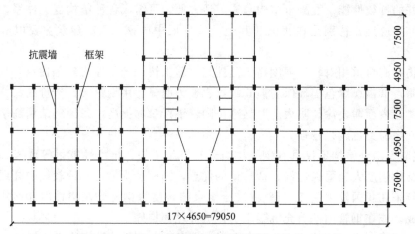

图4.26 框架-抗震墙结构建筑平面图（单位：mm）

框架-抗震墙结构一般可采用以下几种形式。

(1) 框架和抗震墙分开布置，各自形成比较独立的抗侧力结构。

(2) 在框架结构的若干跨内嵌入抗震墙。

(3) 在单片抗侧力结构内连续分别布置框架和抗震墙。

(4) 上述两种或三种形式的组合。

由于框架与抗震墙的协同工作，使框架各层层间抗震墙趋于均匀，各梁、柱截面尺寸趋于均匀，改变了纯框架结构的受力及变形特点。框架-抗震墙结构的水平承载力和侧向刚度都有很大提高，可用于办公楼、旅馆、住宅以及某些公益用房。1998年建成的上海明天广场，60层，高238m，为当时最高的框架-抗震墙结构（图4.28）。

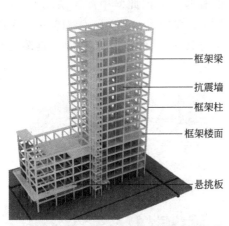
图4.27 框架-抗震墙结构建筑立体示意图

图4.28 上海明天广场

4. 框支抗震墙结构

当抗震墙结构的底部需要较大空间，而抗震墙无法全部落地时，可将底层或底部几层做成框架结构，用底部框架支撑上部抗震墙结构，这种组合结构称为框支抗震墙结构。此结构由于以框架代替了若干抗震墙，结构抗侧移刚度比全抗震墙有所削弱，但比框架-抗震墙结构要好。框支抗震墙结构多用于上部为住宅或办公，下部为商场的现代化建筑。

框支抗震墙结构由于上部抗震墙自重较大、刚度较大，而底层框架结构刚度较小，在转接处形成明显的刚度差，当受到地震作用时，底层框架柱会受到很大的内力及塑性变形，使结构破坏严重。在地震区不可完全使用这种结构，需设置有部分落地抗震墙。

5. 筒体结构

筒体结构是由一个或多个筒体作承重结构的高层建筑体系，适用于层数较多的高层建筑。筒体在侧向风荷载的作用下，其受力类似刚性的箱形截面的悬臂梁，迎风面受拉，而背风面受压。由钢筋混凝土抗震墙围成的筒体称为实腹筒。

筒式结构可分为框筒体系、筒中筒体系、桁架筒体系、成束筒体系等。

（1）框筒体系

外部为密柱和深梁，内部为普通框架柱组成的结构为框筒体系。在高层建筑中，特别是超高层建筑中，水平荷载越来越大，起着控制作用，而筒体结构能够有效地抵抗这种水平荷载。其受力特点是，整个建筑犹如一个固定于基础之上的封闭空心的筒式悬臂梁来抵抗水平力。如1997年建成的马来西亚吉隆坡石油双塔（图4.29），88层，高452m，框筒体系，曾为20世纪世界上最高的建筑。

(2) 筒中筒体系

筒中筒体系一般用实腹筒做内筒，框筒或桁架筒做外筒复合而成。内筒可集中布置电梯、楼梯、竖向管道等。楼板起承受竖向荷载、作为筒体的水平刚性隔板和协同内、外筒工作等作用。在这种结构中，框筒的侧向变形以剪切变形为主，内筒一般以弯曲变形为主，两者通过楼板联系，共同抵抗水平荷载，其协同工作原理与框架抗震墙结构类似。由于内、外筒的协同工作，结构侧向刚度增大，侧移减小，因此筒中筒体系成为50层以上超高层建筑的主要结构体系。例如深圳国际贸易中心大厦，53层，高160m，底层为银行、商场等，高层为办公、餐厅等，其内筒为钢筋混凝土筒体，外筒由钢骨混凝土与钢柱组成（图4.30）。

图4.29　吉隆坡石油双塔　　　　图4.30　深圳国际贸易中心大厦

(3) 桁架筒体系

在筒体结构中，增加斜撑来抵抗水平荷载，以进一步提高结构承受水平荷载的能力，增加体系的刚度，这种结构体系称为桁架筒体系。香港的中银大厦（图4.31）1989年建成，70层，高315m。整体上看，该大厦仿佛由若干三角柱体堆叠而成，由下至上，节节升高。

(4) 成束筒体系

成束筒体系是由若干单筒集成一体成束状，形成空间刚度极大的抗侧力结构。成束筒中相邻筒体之间有共同的筒壁，每个单元筒又能单独形成一个筒体结构。因此，沿房屋高度方向，可以中断某单元筒，使房屋的侧向刚度及水平承载力沿高度逐渐变化。这种成束筒体系更能充分发挥结构空向作用，使整体强度与刚度都有很大提高。

图4.31　香港中银大厦　　　　最为典型的成束筒体系建筑应为1974年建成的美

国芝加哥西尔斯大厦（图 4.32）。地上 110 层，地下 3 层，高 443m，从底层至顶层，方形筒规律性减少，充分利用束筒空间结构，离地面越远剪力越小，大大提高了超高层建筑抵抗水平荷载能力。

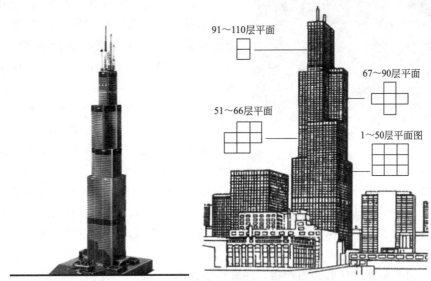

图 4.32　美国芝加哥西尔斯大厦

6. 组合结构

组合结构是由多种结构类型组合而成的，适用于层数较多的超高层建筑。例如哈利法塔下部采用混凝土结构、上部采用钢结构。-30～601m 为钢筋混凝土抗震墙结构，60～828m 为钢结构，其中 601～760m 采用带斜撑的钢框架。

4.4　智能建筑与绿色建筑

4.4.1　智能建筑

智能建筑是指通过将建筑物的结构、系统、服务和管理 4 项基本要求及其内在关系进行优化，来提供一种投资合理，具有高效、舒适和便利环境的建筑物。它以建筑物为平台，兼备信息设施系统、信息化应用系统、建筑设备管理系统、公共安全系统等，集结构、系统、服务、管理及其优化组合为一体，向人们提供安全、高效、便捷、节能、环保、健康的建筑环境。

智能建筑在 20 世纪末诞生于美国，第一幢智能大厦于 1984 年在美国哈特福德市建成。自 1984 年以来，智能建筑以一种崭新的面貌和技术，迅速在世界各地展开，为了适应智能建筑的发展，人们进行了大量的研究和实践，相继建成了一批具有智能化技术的建筑。随着计算机、网络、控制、通信等技术在建筑弱电系统中的应用，逐渐构成了所谓

"建筑智能化系统",并从最初的各子系统相互独立,发展到系统集成,目前已成为较完整的集多种网络、融合多种信息的综合性系统。

国内的智能建筑虽始于20世纪90年代,且发展迅速,我国现已在智能建筑方面取得了一定的成果。2008年北京奥运会体育馆——水立方是我国智能建筑的代表作之一,其设计体现着智能与节能的完美结合(图4.33)。水立方表面使用的膜结构为新型环保材料ETFE膜,它既赋予了建筑冰晶状的外表,使其具有独特的视觉效果和感受,又具有节能环保的作用。该场馆每天能够利用自然光的时间达9.9h,使空调和照明负荷降低了20%～30%;另外,游泳中心消耗掉的水分将有80%从屋顶收集并循环使用,这样可以减弱对于供水的依赖和减少排放到下水道中的污水;系统对废热进行回收,热回收冷冻机的应用一年将节省60万度电;外层膜上分布着密度不均的镀点,这些镀点将有效地屏蔽直射入馆内的日光,起到遮光、降温的作用。

图4.33 水立方

智能建筑是信息时代的必然产物,随着科学技术的发展和人们对于建筑智能化要求的提高,建筑智能化程度会越来越高。

4.4.2 绿色建筑

绿色建筑是指在建筑的全寿命周期内,最大限度地节约资源(节能、节地、节水、节材),保护环境和减少污染,为人们提供健康、适用和高效的使用空间,与自然和谐共生的建筑。即要求在建筑设计、建造及使用中充分考虑环境保护的要求,将建筑与环保、高新技术、能源等紧密结合起来,在有效满足各种使用功能的同时,能够有益于人们身心健康,并创造符合环境保护要求的工作和生活空间结构。

"绿色"并不是指一般意义的绿化,它代表一种象征,绿色建筑对环境无害,能充分利用自然资源,并且在不破坏环境基本生态平衡条件下建造的一种建筑,也称为可持续发展建筑、节能环保建筑等。绿色建筑的室内布局应十分合理,尽量减少使用合成材料,充分利用阳光,节省能源,为居住者创造一种接近自然的感觉。以人、建筑和自然环境的协调发展为目标,在利用天然条件和人工手段创造良好、健康的居住环境的同时,尽可能地控制和减少对自然环境的使用和破坏,充分体现向大自然的索取和回报之间的平衡。

绿色建筑具有如下特点。

(1) 绿色建筑是节约型建筑。绿色建筑的初始投资较普通建筑高,但在全使用寿命期内成本会较普通建筑低,且会取得良好的环境效应。

(2) 绿色建筑是环保型建筑。建筑的修建每年消耗掉全世界资源开采量的40%,电量的30%,导致了大量温室气体的排放,绿色建筑在使用过程中能降低建筑能耗,降低对环境的损害。

(3) 绿色建筑是可持续型建筑。2010年上海世博会的各国展馆建筑就是可持续建筑的范例,建筑中大量使用可再生和可重复利用材料。

(4)绿色建筑是人本型建筑。绿色建筑的节能并不是以牺牲人们的舒适度和工作效率为代价,它是指在转变能源利用方式及使用环保科技的条件下,满足甚至提高建筑的舒适度。

图4.34所示为杭州科技馆为绿色建筑,该馆集成十大先进节能系统,节能效率达76.4%。科技馆东西立面采用陶土板,均属于可回收使用、自洁功能的绿色环保建材。

生态建筑(图4.35)是根据当地的自然生态环境,运用生态学、建筑技术科学的基本原理和现代科学技术手段等,合理安排并组织建筑与其他相关因素之间的关系,使建筑和环境之间成为一个有机的结合体,同时具有良好的室内气候条件和较强的生物气候调节能力,以满足人们的要求,使人、建筑与自然生态环境之间形成一个良性循环系统。生态建筑与绿色建筑之间既有区别又有联系,一般认为生态建筑的意义更加广泛,绿色建筑属于生态建筑。绿色建筑强调的节能包括提高能效和能源的综合利用,如日光、地热的应用以及无公害"绿色"材料的综合利用等。而生态建筑期望运用生态学原理,通过高科技构建自然通风系统,追求贴近自然,营造出舒适宜人的建筑和生活环境。

图4.34　杭州科技馆

图4.35　生态建筑

节能建筑通常指按照建筑当地气候条件和节能基本方法,对建筑规划分区、群体和单体、建筑间距、朝向和太阳辐射以及外部空间环境进行研究而设计的低能耗建筑。这种建筑也可认为是绿色建筑。上海世博会中国馆是十分著名的节能建筑之一(图4.36),其被誉为"东方之冠"。夏季,顶层建筑可以为底层建筑遮阳,起到一定的降温作用。另外该

图4.36　上海世博会中国馆

馆应用了生态农业景观技术，能有效隔热，使建筑能耗降低25%以上。中国馆在设计时遵循"3R"原则，大力增强建筑围护结构的保温性，减少热量损失，应用了自遮阳、太阳能采光、雨水收集等多项环保技术。

4.5 特种结构

特种结构是指具有特殊专业用途的工程结构，包括高耸结构、海洋工程结构、管道结构和容器结构。本书仅阐述电视塔、水塔、油库、筒仓和烟囱。

4.5.1 电视塔

电视塔是指用于广播电视信号发射传播的建筑。为了使信号传送的范围更大，发射天线就要更高，因此电视塔往往高度较大。电视塔多建于大、中城市，承担广播电视发射和节目传递、旅游观光等任务，一般被看成所在城市的象征性建筑。

塔体结构大部分或全部由混凝土构成的电视塔称为混凝土电视塔，它由塔基础、塔体和发射天线组成。塔体和地基间，承受塔体各作用的结构称为塔基础；塔基础顶面以上竖向布置的受力结构称塔体；塔体以上部分用于安装发射天线。混凝土电视塔的特点是高度较大、横截面较小、风荷载起主要作用、结构自重不可忽视。

20世纪50年代随着电信技术及电视广播的发展，电视塔在世界上取得了较大的发展。现在世界上最高的电视塔为东京天空树电视塔，高634m。我国电视塔发展也迅速，目前国内最高的电视塔为广州电视塔（图4.37），高600m，为世界第二高电视塔。这些建筑以其独特的建筑风格，都已成为当地城市的名片。

4.5.2 水塔

水塔是用于储水和配水的高耸结构（图4.38），用来保持和调节给水管网中的水量和水压。其主要由水柜、基础和连接两者的支筒或支架组成。

图4.37 广州电视塔

图4.38 水塔

水塔按建筑材料可分为钢筋混凝土水塔、钢水塔、砖石支筒与钢筋混凝土水柜组合水塔。水柜也可用钢丝网水泥、玻璃钢和木材建造。支筒一般用钢筋混凝土或砖石做成圆筒形。支架常用钢筋混凝土刚架或钢构架。水塔基础类型可以分为钢筋混凝土圆板基础、环板基础、单个锥壳与组合锥壳基础和桩基础。当水塔容量较小、高度不大时，也可用砖石材料砌筑刚性基础。

（1）钢筋混凝土水塔：坚固耐用，抗震性能好。工业厂房或较高烈度的地震区多建造此种类型水塔。

（2）钢水塔：具有钢水箱、钢支座及钢筋混凝土基础。这种水塔的部件可在工厂预制，而后运到工地安装，其施工期限短，不受季节限制，但用钢量较多，且维修费较贵。

砖石支筒钢筋混凝土水柜组合水塔：具有钢筋混凝土水柜、砖石支座、钢筋混凝土或砖石基础。此种水塔能就地取材，节省钢材，易于施工，但因自重较大，抗震性较差，在软弱地基及在抗震设防烈度为 8 度以上的地震区不宜采用，只适用于小容量、低高度、强地基、无软弱层区的中间给水站及一般小站生活用水。

4.5.3 油库

油库是协调原油生产、原油加工、成品油供应及运输的纽带，是国家石油储备和供应的基地，对保障国防和促进国民经济高速发展具有相当重要的意义（图 4.39）。油库主要储存可燃的原油和石油产品，大多数储存汽油、柴油等轻油料，有些油库还储存润滑油、燃料油等重质油料。

图 4.39 油库

按储存油料的总容积可将油库划分为小型油库（容积为 1 万立方米以下），中型油库（容积为 1 万～5 万立方米），大型油库（容积为 5 万立方米以上）。按主要储油方式油库可分为地面（或称地上）油库、隐蔽油库、山洞油库、水封石油库和海上油库等。地面油库与其他类型油库相比，建设投资省、周期短，是中转、分配、企业附属油库的主要建库形式，也是目前数量最多的油库。按运输方式油库可分为水运油库、陆运油库和水陆联运油库。按经营油品油库可分为原油库、润滑油库、成品油库等。

由于石油及其产品的易燃、易爆等危险特性，使油库潜存着巨大的危险性，如果受到各种不安全因素的激发，就会引起燃烧、爆炸、混油、漏油、中毒及设备破坏等多种形式事故，造成人员伤亡和经济损失，影响工农业生产和周围环境，因此油库的防火、防爆以及油库消防是油库建设的重点。

4.5.4 筒仓

筒仓是贮存散装物料的仓库，分为农业筒仓和工业筒仓两大类。农业筒仓用来贮存粮食、饲料等粒状和粉状物料；工业筒仓用来贮存焦炭、水泥、食盐、食糖等散装物料。

根据所用的材料不同，筒仓一般可做成钢筋混凝土筒仓、钢板筒仓、砖砌筒仓。其中钢筋混凝土筒仓又可分为整体式浇筑和预制装配、预应力和非预应力的筒仓。从经济、耐久和抗冲击性能等方面考虑，目前我国应用最广泛的是整体浇筑的普通钢筋混凝土筒仓。

筒仓的平面形状有正方形、矩形、多边形和圆形等。圆形筒仓的仓壁受力合理、用料经济，所以应用最为广泛。当储存的物料品种单一或储量较小时，用独立仓或单列布置；当储存的物料品种较多或储量大时，则布置成群仓。筒仓之间的空间称星仓，也可供利用。

圆筒群仓的总长度一般不超过60m，方形群仓的总长度一般不超过40m。群仓长度过大或受力和地基情况较复杂时应采取适当措施：如设伸缩缝以消除混凝土的收缩应力和温度应力所产生的影响；设防震缝以减轻震害；设沉降缝以避免由于结构本身不同部分间存在较大荷载差或地基土承载能力有明显差别等因素而导致的不均匀沉降的影响等。

4.5.5 烟囱

烟囱是工业中常用的构筑物，是将烟气排入高空的高耸结构，能改善燃烧条件，减轻烟气对环境的污染（图4.40）。烟囱按建筑材料可分为砖烟囱、钢筋混凝土烟囱和钢烟囱三类。

（1）砖烟囱。砖烟囱具有取材方便、造价低和使用年限长等优点，在中小型锅炉中得到广泛应用。砖烟囱高度一般在50m以下，筒身用砖砌筑，筒壁坡度为2％～3％，并按高度分为若干段，每段高度不宜超过15m。筒壁厚度由下至上逐段减薄，但每一段内的厚度应相同。烟囱顶部应向外侧加厚，加厚部分的上部应用水泥砂浆抹出向外的排水坡，内衬到顶的烟囱，顶部宜设钢筋混凝土的压顶板，这种烟囱一般在抗震设防烈度为7度及以下的地区建造（图4.40）。

图4.40 烟囱

（2）钢筋混凝土烟囱。钢筋混凝土烟囱具有对地震的适应性强、使用年限长等优点，但消耗较多的钢材、造价高。钢筋混凝土烟囱筒身高度一般为60～250m，底部直径7～16m，筒壁坡度常采用2％，筒壁厚度可随分段高度自下而上呈阶梯形减薄，同一分段内的厚度应相同，分段高度一般不大于15m。

（3）钢烟囱。钢烟囱的优点是自重轻、占地少、安装快、有较好的抗震性能；缺点是钢材消耗量大,易受烟气腐蚀和氧化锈蚀,须定期进行维护保养。钢烟囱一般用于容量较小的锅炉、临时性锅炉房,高度不宜超过 30m。为了防止筒身钢板受烟气腐蚀,可在烟囱内壁敷设耐热砖衬或耐酸水泥。

本章小结

一般的建筑物主要由板、梁、墙、柱、拱、基础等构件组成。按照结构体系的不同,建筑分为墙体承重结构和骨架承重结构。根据建筑的实际受力特点选择合适的结构体系,可组成丰富多彩的建筑形式。

随着科技的发展和人与自然之间矛盾的加剧,顺应自然、保护环境的绿色建筑应运而生。绿色生态建筑作为一种新型建筑,力图实现人、建筑、自然环境和社会的协调可持续发展。高层建筑和特种结构是人类文明进步的产物。

思考题

1. 房屋的基本构件有哪些?其分别在结构中起什么作用?
2. 简述常用于高层建筑结构的主要结构形式。
3. 简述常用于高层结构的主要结构体系的特点。
4. 列举目前世界上已经建成的前十名的高层建筑,并作简单描述。
5. 高层结构是如何定义的?与多层建筑物的设计相比,高层建筑物有哪些特点?
6. 框架–抗震墙结构中抗震墙的布置形式有哪些?
7. 简述智能建筑和绿色建筑及其主要特点是什么。
8. 什么是特种结构?试举几例常见的特种结构。

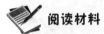 阅读材料 　　　　　　第五代住宅

每一代住房的更新,都应该侧重解决住户的需求,并且改善和提高居住者的舒适度。第五代住宅是近年来房地产业出现的一个崭新的住宅开发理念。相对于第一、第二代追求生存空间住房,以及第三、第四代追求舒适便捷的住房而言,第五代住房做到了居住形式的升级。第五代住宅的本质是"生态＋文化"。这一代的根本特征是以创造舒适的人居环境为主题,从空间、环境、文化、效益四个层次进行综合性整合,做到人、住宅与自然环境、社会环境之间形成一种融洽的共生关系,图 4.41 展示了第五代住宅的庭院效果图。

第五代住宅是物联技术全面融合,开启未来居住新境界。它有以下几个特点。

(1) 每层楼都配置了休闲娱乐的共享花园,可以领略自然风光,一步一景,宛如畅游苏州园林。

图 4.41　第五代住宅的庭院效果图

（2）建筑、装修、景观及软装均采用人性化设计，添加 5G 智能系统，可满足全年龄段业主活动需求。

（3）绿城高端颐养服务，打造学院式养老生活方式（颐、乐、学、为），为住户提供 5 星级品质生活。

（4）配备特色商业街、无人超市、运动馆、无人驾驶电动车、无人机外卖派送等配套，轻松满足日常生活所需。

由于是新兴产品，第五代住宅的建设和审批周期较前几代来说，审核较长，全新的居住方式正在革新，随着经济的发展，生活的成本也逐渐提升，品质人居正在影响着人们生活的方方面面，而"居家"则是我们享受生活的起点。图 4.42 展示了位于我国南通市的第五代住宅效果图。

图 4.42　南通市第五代住宅效果图

第5章 交通土建工程

 教学目标

本章主要讲述交通土建工程的组成及各工程的分类与构造。通过本章学习,应达到以下目标。

(1) 了解交通土建工程的组成及特点。
(2) 了解道路工程、铁路工程、机场工程、港口工程、桥梁与隧道工程的基本分类。
(3) 掌握道路、铁路、机场、码头、桥梁与隧道的基本构造形式。

 教学要求

知识要点	能力要求	相关知识
交通运输工程的组成	了解交通运输工程的组成与分类	各种交通运输方式的特点
道路工程、铁路工程、港口工程	(1) 了解道路、铁路和码头的组成与分类 (2) 了解公路、铁路和港口工程在中国的发展趋势 (3) 掌握公路、铁路和码头的基本构造形式	公路、铁路和港口的法规及其在交通运输中的作用
机场工程、桥梁工程、隧道工程	(1) 了解机场、桥梁与隧道的组成与分类 (2) 了解民航的发展及趋势 (3) 掌握机场、码头、桥梁与隧道的构造形式	机场、码头、桥梁与隧道的施工特点及其在交通运输中的作用

 引例　　　世界上主跨最长的斜拉桥——苏通长江公路大桥

苏通长江公路大桥(简称苏通大桥)位于江苏省东部的南通市和苏州市之间,是目前世界主跨最长的斜拉桥,是长江上的第165座大桥。大桥建成后获得了国际桥梁大会乔治理查德森奖;2010年,在美国土木工程协会(ASCE)举行的2010年度颁奖大会上,苏通大桥工程获得2010年度土木工程杰出成就奖,这也是中国工程项目首次获此殊荣。

苏通大桥从1991年进行规划研究，2003年6月27日正式开工建设，2007年6月18日合龙，2008年6月30日正式通车。大桥全线采用双向六车道高速公路标准，设计行车速度南、北两岸接线为120km/h，跨江大桥为100km/h。主桥通航净空高62m，宽891m，可满足5万t级集装箱货轮和4.8万t船队通航需要。苏通大桥的建成创造了四项斜拉桥世界纪录：主孔跨1088m，列世界第一；主塔高300.4m，列世界第一；斜拉索长577m，列世界第一；群桩基础平面尺寸113.75m×48.1m，列世界第一。

苏通大桥在建设过程中通过了抗风、抗震、防船撞、防冲刷等技术考验，攻克了超大群桩基础设计与施工等百余项科研专题。在防风设计上，苏通大桥可抗50m/s的风速，大桥结构可以满足75m/s的风速，即苏通大桥在设计能力上可抗15级台风，主体结构可以抗18级特大台风。

交通运输是国民经济的动脉，是经济发展中的基础，随着我国改革开放规模逐步扩大，交通运输系统的发展已成为控制国民经济发展重要因素之一。一个完整的交通运输体系是由轨道运输、航空运输、水路运输和道路运输四种运输方式构成，在整个系统中，各基本系统共同承担着客、货的集散与交流。各种运输方式具有不同的性能和特点，根据不同自然地理条件和运输功能发挥各自优势，相互分工、联系和合作，取长补短，协调发展，形成综合的运输能力。

轨道运输的运输能力大，速度较快，运输成本和能耗都较低，系统的安全性和可靠性较高，受自然条件的影响也比较小，宜于承担中长距离货运和大宗物资的运输，但是铁路建设投资大，建设周期较长，运行维护费用较高，且铁路建设对地形及地质条件要求较高；航空运输在快速运送旅客，运输紧急物资方面显示出优越性，宜于承担大中城市间长距离客运以及边远地区高档和急需物资的运输，但运输成本高，能耗大；水路运输则以其低廉的运价和较大的运输能力显示其明显的经济效益，但水路运输较其他运输方式慢；而道路运输可承担其他运输形式和客货集散与联系，承担铁路、水运、空运固线外的延伸运输任务，可以深入到城镇、乡村、山区、港口和机场等的各个角落，能独立实现"门到门"的直达运输。

5.1 道路工程

道路运输在综合运输体系中占有极重要的位置，其适应性强，运输机动灵活，可实现门到门的直达运输，避免中转重复装卸，减小了货运损失；再者可实现四通八达、深入偏僻农村和山区，极为方便；同时道路建设原始投资较少，车辆购置费也较低，资金周转快，社会效益也较显著。

5.1.1 道路类型与组成

1. 道路类型

道路根据其位置、交通性质和使用特点可分为公路、城市道路和专用道路。连接城市、乡村和工矿企业之间主要供汽车使用的道路为公路；仅供城市各地区使用的道路为城市道路；由特定部门修建供其使用的道路为专用道路。

(1) 公路

截至2022年底，我国公路通车里程535万千米，其中高速公路17.7万千米。按交通运输部颁发《公路工程技术标准》(JTG B01—2014) 的规定，公路根据其使用任务、功能和适应的交通流量分为高速公路、一级公路、二级公路、三级公路、四级公路五个等级。

① 高速公路是具有4条或4条以上车道、设有中央隔离带、全部控制出入、专供汽车分向、分车道高速行驶的干线公路。例如四车道的高速公路一般能适应各种汽车折合成小客车的远景设计年限平均昼夜交通量为25000~55000辆；六车道高速公路为45000~80000辆；八车道高速公路为60000~100000辆。

② 一级公路与高速公路设施基本相同，一般能适应各种汽车折合成小客车的远景设计年限平均昼夜交通量为15000~30000辆。一级公路只是部分控制出入，是连接高速公路或是某些大城市的城乡接合部，开发区经济带及人烟稀少地区的干线公路。

③ 二级公路是中等以上城市的干线公路或者通行于工矿区、港口的公路，一般能适应各种车辆折合成中型载重汽车的远景设计年限平均昼夜交通量为3000~7500辆。

④ 三级公路是沟通县、城镇之间的集散公路，一般能适应各种车辆折合成中型载重汽车的远景设计年限平均昼夜交通量为1000~4000辆。

⑤ 四级公路是沟通乡、村等地的地方公路，一般能适应各种车辆折合成中型载重汽车的远景设计年限平均昼夜交通量为：1500辆以下（双车道）；200辆以下（单车道）。

公路按照行政管理体制可分为国道、省道、县道、乡道和专用道。

公路等级应根据公路网的规划和远景交通量的发展，从全局出发结合公路的使用任务、性质等综合确定。

(2) 城市道路

城市道路与公路的分界线为城市规划区的边界线。城市道路的功能除了供城市交通运输外，还为公共空间、防灾救灾和形成城市平面结构等服务。

城市道路按交通功能分为快速道、主干道、次干道和支道；按服务功能分为居民区道路、风景区道路和自行车道路。

城市道路一般由行车道、路侧带、分隔带、交叉口和交通广场、停车场和公交车停靠站、道路雨水排放系统及其他设施等组成。行车道包括机动车道、非机动车道，或轻轨或有轨车道。路侧带包括人行道、设施带和路侧绿化带。分隔带包括分隔对向行驶车辆、分隔机动和非机动车辆地带，分隔带有时兼作道路中央绿化带。道路雨水排放系统有街沟、雨水口、检查井等。其他设施包括交通信号、安全护栏、渠化交通岛、沿路照明设施等。

2. 道路组成

道路是一种带状的三维空间构造物。道路由路线、路基、路面及其附属设施组成。路线包括平面和纵横断面及交叉口等要素；路基是道路行车路面下的基础，由土、石料等构成的带状天然地基或人工填筑物；路面是位于路基上部用各种材料分层铺筑的构筑物；道路附属设施包括边沟、截水沟、挡土墙、护坡、护栏、信号、绿化、管理和服务等设施。

道路工程的建设有规划、设计、施工、养护维修和交通管理。规划是根据各种交通综合功能协调勘测并选定技术经济优化线路等总体部署；设计包括线路的平面、纵横断面、路基路面、桥梁隧道和排水等附属设施的设计和改扩建设计；施工包括路基路面土石方和各类附属设施的施工；养护维修包括路面、路肩、人行道和附属设施的保养和维护；管理是指道路工程施工和运营的日常管理。

5.1.2 道路线形与结构

1. 道路线形

道路线形是道路中心线在空间的几何形状和尺寸，常用平面线形和纵断面线形表示。

（1）平面线形

平面线形是道路中线的水平投影，常用直线、圆曲线和缓和曲线以及三种线形的组合线形。道路的平面组合线形有简单形、基本形、卵形、S形、凸形、复合形等。

（2）纵断面线形

道路的纵断面线形常采用直线、竖曲线，具体内容包括纵坡设计和竖曲线设计。其设计要求坡度合理、线形平顺圆滑，以利于行车安全、快速、舒适。

（3）空间线形设计

道路的空间线形设计是指在满足汽车运动学和力学要求的前提下，研究如何满足视觉和心理方面的连续、舒适、与周围环境的协调和良好的排水条件。

（4）交叉口

道路与道路、道路与铁路相交处称为交叉口。它分为平面交叉口和立体交叉口。立体交叉口多用于城市交通繁忙交汇处或高速公路交叉口，如图5.1和图5.2所示。

图5.1 北京三元立体交叉口

图5.2 北京四元立体交叉口

2. 道路结构

道路结构包括路基、路面、排水结构物、特殊结构物和沿线附属结构物等。

(1) 路基

路基是道路的基础，承担着路面及路面汽车传来的荷载。路基必须具有一定的力学强度和稳定性，以保证行车部分的稳定性和防止自然的损害。

路基的横断面按填挖条件的不同一般可分为路堤（图 5.3）、路堑（图 5.4）和半路堤三种类型。路基的几何尺寸由高度、宽度和边坡组成。路基高度由线路纵断面设计确定；路基宽度根据设计交通量和公路等级而定；路基边坡根据影响路基的整体稳定性来确定。

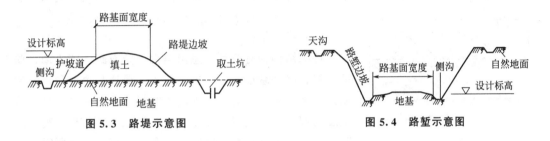

图 5.3　路堤示意图　　　　　图 5.4　路堑示意图

① 路堤。路基顶面高于原地面的填方路基称为路堤。路堤断面由路基面宽、边坡坡度、护坡道、取土坑或边沟、支挡结构、坡面防护等部分组成。这种断面常用于平原地区路基。

② 路堑。路基顶面低于原地面，由地面开挖出的路基称为路堑。路堑有全路堑、半路堑（又称台口式）和半山洞三种形式。这种断面常用于山岭地区挖方路段。

③ 半路堤。半路堤即半填半挖路基，是路堤和路堑的综合形式，横断面上部分为挖方部分，下部分为填方的路基。这种形式的路基通常用在地面横坡较陡的路段。这种断面常用于丘陵区路段，如图 5.5 所示。

(2) 路面

路面的工作环境恶劣，要承受各种不同自然因素的影响，同时还要承受荷载的反复长期作用，另外还要保证路面能够正常地承担工作任务。因此，这就要求路面需具有一定的性能。

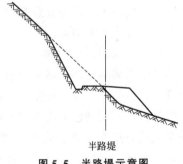

图 5.5　半路堤示意图

① 路面应有足够的强度，以承载路面上的各种荷载。

② 路面应有足够的稳定性，以承受住各种不利因素（如热胀冷缩、地基下沉等）的影响，保持路面不被破坏。

③ 路面应有足够的平整度，以保证行车的舒适性，改善行车条件，减少路面的磨损。

④ 路面应有一定的粗糙度，以使汽车在高速行驶时与路面之间有足够的摩擦力，从而防止汽车打滑。

路面承受荷载所产生的应力，随深度增加而逐渐减小。因而对道路强度的要求，必然是路面最大，垂直向下逐渐变小。根据受力情况、使用要求以及自然因素等作用程度的不同，路面都是分层铺筑的，按照各结构层在路面中的部位和功能，普通路面由面层、基层和垫层组成；而高级路面则由面层、连接层、基层、基底层和垫层组成（图5.6）。

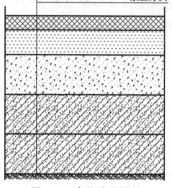

图5.6　高级路面结构

（3）排水结构物

为保证路基路面免受地面水和地下水的侵害，道路还应修建专门的排水设施。道路的排水分横向排水和纵向排水。横向排水有桥梁、涵洞、路拱、过水路面、透水堤和渡水槽等；纵向排水有边沟、截水沟和排水沟等。

（4）特殊结构物

特殊结构物有隧道、悬出路台、防石廊、挡土墙、防护工程、路基悬锚式新型挡土墙等。隧道是道路翻山越岭或穿越深水时为改善平、纵面的线形和缩短路线长度，从地层内部开凿的通道。悬出路台是在山岭地带修筑公路时，为保证公路连续、路基稳定和确保行车安全所需修建的悬臂式路台。防石廊是在山区或地质复杂地带阻挡石块滚落到路面而修建的构筑物。挡土墙是在陡坡或沿河岸修筑公路时，为保证路基稳定和减少挖、填方工程量而修建的构筑物。防护工程是公路通过陡坡或河岸时，为了减轻水流冲刷和不良地质现象的侵害而对边坡和堤岸进行加固的人工构造物，如护栏、护柱、防护网等。路基悬锚式新型挡土墙是利用锚定板技术与悬臂式挡土墙组合而成的一种轻型支挡结构，由钢筋混凝土墙身（包括悬臂和底板部分）、锚定板、拉杆及填料而构成的一种复合式结构。它对地基承载力的要求低，而且由于锚定板对墙身的约束作用，可有效地减小悬臂根部的弯矩，增加墙身的建筑高度，方便施工且能保证路基填料的压实度及其均匀性，保证路基工后的稳定性，其整体性及抗震性也大大增强。

（5）沿线附属结构物

沿线附属结构物包括交通管理设施、交通安全设施、服务设施和环境美化设施。交通管理设施包括交通标志和路面标线。交通标志包括指示、警告和禁令三类（图5.7）。路面标线是指以不同颜色的连续或间断线条、带方向的箭头规范车辆在路面行驶的标志。交通安全设施是指在急弯、陡坡设置的护栏、护柱等。服务设施是指汽车站、加油站、修理站、停车场、餐馆、旅馆等。环境美化设施是指道路沿线的绿化设施。

(a) 指示标志

(b) 警告标志

(c) 禁令标志

图5.7　交通标志

5.1.3 高速公路

高速公路（图5.8）在一些国家或地区称为快速公路。我国对高速公路的定义为：一种具有四条以上车道，路中央设有中央隔离带，分隔双向车辆行驶，互不干扰（图5.9），完全控制出入口和立体交叉桥梁与匝道，严禁产生横向干扰，为汽车专用，设有自动化监控系统，以及沿线设有必要服务设施，时速限制比普通公路较高的行驶道路。高速公路的优点是行车速度快、通行能力大；物资周转快、运输经济效益好；交通事故少，安全舒适性好；带动沿线地方经济发展，社会效益好。高速公路速度设计为：丘陵或山谷（60~100）km/h；平原地区120km/h。

3D动画演示高速公路修建过程

图5.8 高速公路

图5.9 高速公路互通

1. 高速公路特征

（1）限制交通，汽车专用。高速公路对车种及车速加以限制。我国规定高速公路行车最低车速为60km/h，最高车速为120km/h。同时，拖拉机、其他农用车以及非机动车等不得使用高速公路。

高速公路还控制交通的出入，保证高速行车，消除横向、侧向干扰。不准车辆进出的路口，均设置分离式立交加以隔绝；允许车辆进出的路口，则采用指定的互通式立交匝道连接。对非机动车及人、畜的控制，则主要采取高路堤、护栏等措施将高速公路封闭，以确保汽车的快速安全行驶。

（2）分隔行驶，安全高速。高速公路采用两幅路横断面的形式，中央设置隔离带，将对向车流分隔，从而消除和减少对向交通的干扰和影响，既提高车速，又保证安全。对于同向车流，则采用全线画线的方法区分车道，以减少超车或同向车速差造成的干扰。

（3）高速公路具有完善的道路交通安全设施、交通监控和组织管理设施以及收费系统，对高速公路全线的运营交通实施信息化、电子化和自动化的管理。

2. 高速公路线形要求

高速公路除汽车动力行驶要求外，还应考虑人体生理和心理等因素，即线形设计采用视觉分析为基础的三维空间设计，以保证线形的舒顺与美感。平纵面的线形应避免突然变化，以使司机有足够的时间来感觉和逐渐改变车速及方向。平纵线形的配合，要能保证视觉上的平顺。长直线易使司机疲倦而发生事故，只有在道路所指方向明显无障碍，地形适宜且又符合经济原则时，才允许采用长直线。

3. 高速公路沿线设施

高速公路沿线有安全设施、交通管理设施、服务性设施、环境美化设施等。

安全设施一般包括标志（如警告、限制、指示等）、标线（文字或图形来指示行车的安全设施）、护栏（有刚性护栏、半刚性护栏、柔性护栏等）、隔离设施（是对高速公路进行隔离封闭的人工构造物的统称，如金属网、常青绿篱等）、照明及防眩设施（为保证夜间行车安全所设置的照明灯、车灯灯光防眩板等）、视线诱导设施（为保证司机视觉及心理上的安全感，所设置的全线设置轮廓标）等。

4. 高速公路生态护坡

多数学者一般把生态护坡定义为：单独用植物或者将植物与土木工程相结合，以减轻坡面的不稳定性和侵蚀。该定义指以生物控制或生物建造工程进行环境保护与工程建设，即坡面生态工程或坡面生物工程，也指利用植物进行坡面保护和侵蚀控制的途径与手段。

生态护坡具有以下功能。

① 木本植物的深粗根锚固坡体作用。
② 草本、木本浅根的加筋作用。
③ 有效降低坡体孔隙水压力。
④ 提高坡体抗冲、抗蚀性能力。
⑤ 恢复被破坏的生态环境。
⑥ 减少声、光污染，利于行车安全。
⑦ 促进有机污染物的降解、净化大气、调节小气候。
⑧ 营造视觉美感。

绿色植物给人的美感是通过其固有的色彩与形态等个体特征和群体景观效应来表现的，季节与气候的变化使植物群落四季花香、异彩纷呈。植物自然景观给人心旷神怡的行车美感。图 5.10 所示为高速公路生态护坡效果。

图 5.10　高速公路生态护坡效果

5.2 铁路工程

中国高铁：四横
收官 贯通东西

自从 1825 年英国修建了世界上第一条蒸汽机车牵引的铁路以来，铁路已约 200 年历史。此后，铁路主要是依靠牵引动力的改进而发展。牵引机车从最初的蒸汽机车发展成内燃机车、电力机车。运行速度也随着牵引动力的发展而加快。在改革开放以后，中国铁路不管是在总里程还是在速度和质量上都取得了巨大的进步。截至 2022 年底，全国铁路营业里程达 15.5 万 km，其中高铁 4.2 万 km，基本形成布局合理、覆盖广泛、层次分明、安全高效的铁路网络。这些数据都表明中国已成为铁路设计与建设强国。

5.2.1 铁路基本组成

铁路由线路、路基和线路上部建筑组成。

线路是铁路横断面中心线在铁路平面中的位置以及沿铁路横断面中心线所作的纵断面状况；路基是铁路线路承受轨道和列车荷载的地面结构物；线路上部建筑包括与列车直接接触的钢轨、轨枕、道床、道岔和防爬设备等。

1. 铁路线路设计

铁路线路设计包括选线、定线和全线线路的平面和纵剖面设计。其中，铁路选线是铁路工程设计中关系全局的总体性工作。铁路定线就是在地形图上或地面上选定线路的走向，并确定线路的空间位置。

选线和定线的主要内容如下。

（1）根据国家政治、经济和国防需要，结合线路经过地区的自然条件、资源分布和工农业发展等情况，规划线路的基本走向，选定铁路的主要技术标准。

（2）根据沿线的地形、地质、水文等自然条件和村镇、交通、农田、水利设施，设计线路的空间位置。

（3）布置沿线的各种建（构）筑物，如车站、桥梁、隧道、涵洞、挡土墙等，并确定其类型和大小，使其在总体上互相配合，经济合理。

（4）设计线路主要技术标准和施工条件等。

铁路线路的平面设计也应遵循一些设计基本要求。

（1）为了节省工程费用与运营成本，一般要求尽可能缩短线路长度。

（2）为了保证行车安全与平顺，应尽量采用较长直线段和较大的圆曲线半径。在曲线段一般要求外轨高于内轨，以提供列车行驶时的向心力。

（3）列车要平顺地从直线段驶入曲线段，一般在圆曲线和直线段之间设置缓和曲线。

2. 铁路路基设计

铁路路基是承受并传递轨道重力及列车动态作用的结构，是轨道的基础。路基是一种土石结构，处于各种复杂的地质和气候环境中。路基是轨道的基础，直接承受轨道的重量、机车车辆及其荷载的压力，因此，路基的状态与线路质量的关系极为密切。路基在建设工程中应当满足相应指标，以使其符合轨道铺设、附属构筑物设置和线路养护维修的要求。

铁路路基设计需要考虑以下问题。

（1）横断面。铁路路基的横断面与公路路基的横断面类似，其形式有路堤、路堑、半路堤、半路堑。铁路路基的宽度根据铁路等级、轨道类型等确定。

（2）路基稳定性。铁路路基承受列车的振动荷载和各种自然力的影响，因此必须从以下方面考虑验算其稳定性：路基体所在的工程地质条件，路基的平面位置和形状，轨道类型及其上的动态作用，各种自然营力的作用等。

3. 轨道构成

轨道铺设在路基上，是直接承受机车车辆巨大压力的部分，它包括钢轨、轨枕、道床、防爬设备、道岔和联结零件等主要部件，如图 5.11 所示。

图 5.11 轨道

（1）钢轨。钢轨直接承受列车的荷载并引导车轮的运行方向，因而它应当具备足够的强度、韧性、耐磨性以及一定的粗糙度。中国钢轨的断面为宽底式钢轨，很像工字形梁，其包括轨头、轨腰、轨底三个部分。钢轨可以根据不同的运行要求而选择不同的类型。我国的钢轨的分类是按每米质量来划分的，有 60kg/m、50kg/m、43kg/m、38kg/m 等几种主要尺寸。目前我国钢轨的标准长度有 12.5m 和 25m 两种。另外，还有专供曲线地段铺设内轨用的标准缩短轨。

（2）轨枕。轨枕是钢轨的支座，它除承受钢轨传来的压力并将其传给道床外，还起着保持钢轨位置和轨距的作用。轨枕按制作材料主要分钢筋混凝土枕、木枕、钢枕三种，中国使用较广泛的是木枕和钢筋混凝土枕。木枕具有弹性好、易加工、重量轻、更换方便等优点。但其消耗大量木材，且使用寿命较短。钢筋混凝土轨枕使用则寿命较长、稳定性也高、养护工作量小，加上材料来源较广，故应用广泛。我国普通轨枕的长度为 2.5m，道岔用的岔枕和钢桥上用的桥枕，其长度有 2.6～4.85m。每千米线路上铺设轨枕的数量，应根据运量及行车速度等运营条件确定，一般为 1440～1840 根。

（3）道床。道床通常就是轨道下面碎石层，它的作用是：承受轨枕上部的荷载并把它均匀地传给路基；保持轨道的稳定性；排除线路上的地表水；缓和车轮对钢轨的冲击。

我国铁路的道床材料主要是筛分碎石，碎石道碴是用人工或机器破碎筛分而成的火成岩（如花岗岩）或沉积岩（如石灰石），这种材料坚硬且表面粗糙，有尖锐的棱角，相错结合，因此线路稳定性很好。同时它的化学性质稳定，不易风化，是很好的道床材料。

(4) 防爬设备。列车运行时，车轮与钢轨间存在有纵向水平力的作用，使钢轨产生纵向移动，有时甚至带动轨枕一起移动，这种现象叫作爬行。爬行经常出现在复线铁路的正向运行方向、运量较大的单线铁路、长大下坡道上以及列车制动时。

线路爬行对铁路危害很大：引起轨枕的位置歪斜、间隔不正；使钢轨的接头缝隙不均；使轨枕离开捣固坚实的基础，造成线路沉落，产生低接头等。根据资料分析，30%以上线路危害与爬行有关，因此必须采取有效措施加以防止。通常的做法是一方面加强钢轨和轨枕间的扣压力与道床阻力；另一方面设置防爬器和防爬支撑。

5.2.2 铁路分类

1. 地下铁道与城市轻轨

地下铁道简称地铁，是指以在地下运行为主的城市铁路系统。地铁在城市交通中发挥着巨大的作用，给城市居民出行提供了便捷的交通。世界上第一条地铁是在1863年在英国伦敦开通的。现在全世界建有地下铁道的城市很多，如法国的巴黎，英国的伦敦（图5.12），俄罗斯的莫斯科，美国的纽约、芝加哥，加拿大的多伦多，中国的北京（图5.13）、上海、天津、广州等城市。截至2022年底，中国绝大部分省会城市均有已运营或在建地铁，未来地下铁道交通将扮演越来越重要的角色。

图 5.12　伦敦地铁

图 5.13　北京地铁

地铁具有运量大、速度快、安全、准时、节约能源、不污染环境等优点，而且可以在建筑物密集而不利于发展地面交通的地区大力发展，加大了城市的空间利用率，为减少城市拥堵提供了有效的解决办法。地铁的缺点是绝大部分线路和设备处于地下，而城市地下地形复杂，各种管线纵横交错，极大增加了施工难度。而且在建设中还涉及隧道开挖、线路施工、供电、通信信号、水质、通风照明、振动噪声等一系列技术问题，以及考虑防灾、救火系统的设置等，这些都需要大量的资金。因此，地铁的建设费用非常高。另外，地铁建设周期较长、见效慢，一旦发生火灾或其他自然灾害，乘客疏散比较困难，容易造成人员伤亡和财产损失，对社会造成不良影响。

城市轻轨是城市客运有轨交通系统的又一种重要形式，也是当今世界发展最为迅猛的轨道交通形式。近年来，随着城市化步伐的加快，我国的城市轻轨建设也进入了一个高速发展期，重庆、上海、北京等城市纷纷新建城市轻轨。它一般有较大比例的专用道，大多采用浅埋隧道或高架桥的方式，车辆和通信信号设备也是专门化的，克服了有轨电车运行速度慢、正点率低、噪声大的缺点。轻轨有速度快、效率高、省能源、无空气污染等优点。轻轨造价比地铁更低、见效更快。

地铁与轻轨的不同点主要体现在以下几方面。

（1）轮轨系统。地铁与轻轨都以钢轮和钢轨为行走系统的交通方式，钢轨有轻重之分。我国地铁均采用60kg/m的重型钢轨，在空车运行、速度低的区段，采选用50kg/m和43kg/m轻型钢轨；我国轻轨的样车的轴重只有100kN，轻轨在正线上宜采用50kg/m的钢轨，在车场支线内可用43kg/m的钢轨。

（2）运输量。地铁单向运输量高峰期间平均每小时运载30000～90000人次；而轻轨单向运输量高峰期间平均每小时运载10000～30000人次。

（3）线路规划。轻轨线以高架线和地面线为主，只有在人口密集的繁华区段时才浅埋地下，一般不设地下车站；而地铁无疑都位于地下深部。地铁线与轻轨线的曲率半径和坡度要求一般也不相同。

（4）运行速度。国内地铁列车最高行驶速度可达120km/h，运营速度为30～40km/h；轻轨列车最高行驶速度为45km/h，运营速度为25～30km/h。

（5）信号系统。大部分轻轨系统可在无信号装置的情况下安全运行，只有在道口、曲线地段、隧道内、瞭望距离受到限制的地段或者行车密度大时，应设信号系统；而地铁必须设置信号系统，且尽量选用列车自动控制系统。

2. 高速铁路

高铁站建设施工过程

铁路现代化的一个重要标志是大幅度地提高列车的运行速度。高速铁路是20世纪60年代逐步发展起来的一种城市与城市之间的运输方式。世界上第一条高速铁路是日本的东海道新干线（图5.14），最高速度为210km/h。

一般来说，铁路时速100～120km为常速；时速120～160km为中速；时速160～200km为准高速或快速；时速200～400km为高速；时速400km以上称为特高速。

图5.14　日本的东海道新干线

图5.15　中国京沪高铁

中国把铁路提速作为加快铁路运输业发展的重要战略。1997年中国实施第一次铁路大提速，列车时速首次达到140km，同时在全国4条主要干线运行的快速列车时速也被提高至120km。2007年，第六次提速的亮点是时速达200km的动车投入使用。2011年京沪高铁（图5.15）全线开通，这是中国第一条具有世界先进水平的铁路，线路总长1318km，设计时速350km。这条路线的通车标志着中国已经进入了高速铁路时代。

3. 磁悬浮铁路

磁悬浮铁路与传统铁路不同，它是利用电磁系统产生的吸引力和排斥力将悬浮在铁路上的列车托起，使整个列车悬浮在线路上，再利用电磁力进行导向，并利用直流电机将电能直接转换成推进力来推动列车前进。

与传统铁路相比，磁悬浮铁路由于消除了轮轨之间的接触，因而无摩擦阻力，线路垂直荷载小，适于高速运行。该系统采用一系列先进技术，使得列车时速高达500km以上；无机械振动和噪声，无废气排出和污染，有利于环境保护；能充分利用能源，获得较高的运输效率；列车运行平稳，能提高旅客的舒适度；由于磁悬浮系统采用导轨结构，不会发生脱轨和颠覆事故，提高了列车的安全性和可靠性。尽管磁悬浮铁路有上述的许多优点，但仍存在着一些不足。

（1）磁悬浮技术对线路的平整度、路基下沉量及道岔结构方面的要求很高，因此在建造时需要精湛的施工技术。

（2）由于磁悬浮系统是由电磁力完成悬浮、导向和驱动功能的，断电后需要确保列车的安全问题。

（3）磁悬浮列车造价高昂，建设所需投入较大，利润回收期较长，投资风险较大。

2002年中国第一条磁悬浮列车线路（图5.16）在上海建成。上海磁悬浮列车线路西起地铁2号线龙阳路站，东至浦东国际机场，全长约33km，设计最大时速430km，单向运行时间为7min。上海磁悬浮列车工程既是一条浦东国际机场与市区连接的高速交通线，又是一条旅游观光线，还是一条展示高科技成果的示范运行线。

图5.16 中国第一条磁悬浮铁路

5.3 机场工程

随着世界经济和科技的进一步发展,机场已成为大城市交通基础建设的重要组成部分。北京首都国际机场曾为我国最大机场(图 5.17)。

机场航站楼施工

图 5.17 北京首都国际机场

5.3.1 机场分类与组成

(1) 机场分类

机场是供飞机起飞、着陆、停驻、维护、补充给养及组织飞行保障活动所用的场所,是民航运输网络中的节点,是航空运输的起点、终点和经停点。机场应包括相应的空域及相关的建筑物、设施与装置。

按服务对象划分,机场分为军用机场、民用机场和军民两用机场;按航线性质划分,机场分为国际航线机场和国内航线机场;按在民航运输网络系统中所起作用划分,机场分为国际机场、干线机场和支线机场。

(2) 机场组成

机场主要由三部分构成,即飞行区、航站区及进出机场的地面交通系统。

① 飞行区是机场内用于飞机起飞、着陆和滑行的区域,通常还包括用于飞机起降的空域在内。飞行区由跑道系统、滑行道系统和机场净空区构成。

② 航站区是飞行区与机场其他部分的交接部。航站区包括旅客航站楼、停机坪、车道边、站前停车设施(停车场或停车楼)等。

③ 进出机场的地面交通系统通常由与机场相连的公路、铁路、地铁(或轻轨)等组成。其功能是把机场和附近城市连接起来,将旅客和货物及时运进或运出机场。其好坏将直接影响到机场的工作效率。

机场的其他设施还包括机务维修设施、供油设施、空中交通管制设施、安全保卫设施、救援和消防设施、行政办公区、生活区、辅助设施、后勤保障设施、地面交通设施及机场空域等。

5.3.2 跑道布局

(1) 跑道

跑道是机场飞行区的主体，直接供飞机起飞滑跑和着陆滑跑之用。跑道要有足够的长度、宽度、强度、粗糙度、平整度以及规定的坡度，以满足飞机的正常起降。机场的构型主要取决于跑道的数目、方位以及跑道与航站区的相对位置。跑道布置的构形可归纳为单条跑道、多条平行跑道和不平行的交叉跑道三种基本形式。

跑道按其作用可分为主要跑道、辅助跑道、起飞跑道三种。

主要跑道是指在条件许可时比其他跑道优先使用的跑道，按使用该机场最大机型的要求修建，长度较长，承载力也较高；辅助跑道也称次要跑道，是指因受侧风影响，飞机不能在主要跑道上起飞着陆时，供辅助起降用的跑道，由于飞机在辅助跑道上起降都有逆风影响，所以其长度比主要跑道短些；起飞跑道是指只供起飞用的跑道。

跑道系统由跑道的结构道面、道肩、防吹坪、升降带、跑道端安全区、停止道和净空道组成，如图 5.18 为机场跑道方案。

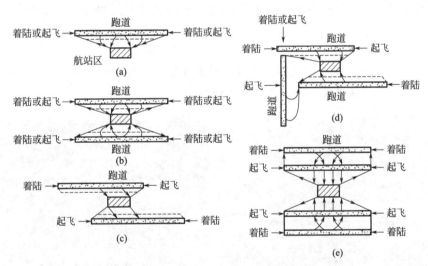

图 5.18 机场跑道方案

道肩对称设在跑道的两侧。设置道肩的作用在于减少飞机冲出或偏离跑道时有损坏的危险，同时也减少雨水渗入跑道土基基础，确保地基强度。

为了防止紧靠跑道端的地区受到高速喷气的吹蚀，在跑道入口处前一定距离内（至少 30m）设置防吹坪。防吹坪宽度应等于跑道宽度加道肩宽度。

为了减少飞机一旦冲出跑道遭受损失的危险，保证飞机起降过程中安全飞越相应的上空而划定一块包括跑道和停止道（如设停止道）在内的矩形场地，称为升降带。

跑道端安全区设置在升降区两端，用来保障起飞和着陆的飞机偶尔冲出跑道以及提前接地时的安全。

停止道的作用在于一旦中断起飞，飞机可以在停止道上减速并停止。因此，停止道应能承受飞机中断起飞时的荷载，不会使飞机结构受损。

净空道是确保飞机完成初始爬升之用。是否设置停止道和净空道以增加跑道的可用长度，取决于跑道端以外地区的特性、使用该机场飞机的起降性能以及经济因素等。

（2）机坪与机场净空区

机坪主要有等待坪和掉头坪。前者供飞机等待起飞或让路而临时停放用，通常设在跑道端附近的平行滑行道旁边。后者则供飞机掉头用，当飞行区不设平行滑道时，应在跑道端部设掉头坪。

机场净空区是指飞机起飞和降落涉及的范围，沿着机场周围一个没有影响飞行安全障碍物的空域。为保证飞机起飞和降落安全以及机场的正常使用，在机场一定范围内的空域内必须没有影响飞机飞行的障碍物。为此，规定一些假想面作为障碍物限制面，凡自然物体或人工构筑物超出这些假想面之外的部分，都被当作障碍物移除或拆除。机场场址和跑道方位选择时，必须考虑净空要求。

5.3.3 航站区布局

航站区是指机场内办理航空客货运输业务和供旅客、货物地面运转的区域。航站区的规划与设计是机场工程的一个重要方面，其主要由航站楼、停车场、机坪与货运区所组成。

（1）航站楼

航站楼（图 5.19）是机场的主要建筑，供旅客完成从地面到空中或从空中到地面转换交通方式之用。航站楼通常主要由以下设施组成。

(a) 候机室　　　　　　　　　　(b) 大厅

图 5.19　航站楼

① 地面交通的设施：公共汽车站及走廊通道等。
② 大厅：旅客办票、安排座位、托运行李柜台及安全检查、海关、边检柜台等。
③ 连接飞机的设施：候机室、上下机设施等。
④ 航空公司经营管理设施：机场、航空公司的管理部门和办公室等设施。

⑤ 候机室：旅客等候航班的集合和休息场所。
⑥ 服务设施：餐厅、商店等。

航站楼的布局包括竖向布局和平面布局。

航站楼竖向布局的主要目的是把出发和到达的旅客分开，以方便旅客和提高运行效率。根据旅客量、航站楼可使用的土地面积和地面交通系统等情况，航站楼可布置成单层、一层半和两层或多层形式。旅客量小时，通常都布置成单层，旅客和行李的流动都在机坪层进行，旅客一般利用舷梯上下飞机，出发和到达旅客在平面上分隔开。一层半系统是将旅客出入航站楼安排在一楼，而上下飞机安排在二楼上利用登机桥进行，但在平面上将出入旅客流分隔开。两层系统是把出发和到达旅客的活动完全分隔开，分别安排在二楼和一楼进行。

航站楼的平面布局同旅客量、飞机运行次数、交通类型（国内或国际）、使用该机场的航空公司数以及场地的物理性质等要素有关。航站楼的主要平面布局分为线型、廊道型、卫星型、转运型等四种。

（2）停车场、机坪与货运区

停车场一般设置在机场的航站楼附近，当停车量较大且土地紧张时可建多层车库。停车场的建筑面积与许多因素有关，如高峰小时车流量、停车比例及平均每辆车所需面积等。

机坪一般设在航站楼前，主要是供客机停放、上下旅客、完成起飞前的准备和到达后各项作业用。

机场货运区主要是供货运装卸、手续办理、货件临时储存等用。其主要由业务楼、存储库、装卸场等组成。货运可以采取客机带运和货机载运两种运输方式。客机带运通常在客机坪上进行，货机载运通常在货机坪上进行。

5.4 桥梁工程

"川藏第一桥"，见证中国迈向桥梁强国

桥梁是架在水上或空中以便通行的建筑物，是跨越障碍的通道。桥梁与人类生活密切相关。没有桥梁，人类的生活空间将大受限制。桥梁既是功能性的结构物，又是一件立体的艺术品。

5.4.1 桥梁分类与结构形式

1. 桥梁分类

桥梁按使用性质可以分为人行桥、公路桥、铁路桥、公铁两用桥、机耕桥、渡槽桥和管线桥等。根据《公路桥涵设计通用规范》（JTG D60—2015）按单跨 L_K 和多跨总长 L 可分为涵洞（$L_K < 5m$）、小桥（$5m \leq L_K < 20m$；$8m \leq L \leq 30m$）、中桥（$20m < L_K \leq 40m$；$30m < L < 100m$）、大桥（$40m \leq L_K \leq 150m$；$100m \leq L \leq 1000m$）、特大桥（$L_K > 150m$；$L > 1000m$）。按结构体系及其受力情况可分为梁桥、拱桥、索桥三种基本体系，

以及由这三种体系与其他基本体系或基本构件（塔、柱、斜索等）形成的组合体系。按桥身结构材料可分为木桥、圬工桥、钢桥、钢筋混凝土桥、预应力混凝土桥和3D打印桥等。

2. 桥梁结构形式

（1）梁桥

梁桥是一种在竖向荷载作用下无水平反力的结构体系。梁桥受力的主要特点是：桥梁上部结构的荷载垂直地传给支承，再由支承传给下部结构，两个支承之间的桥面承受非常大的弯矩作用。

（2）拱桥

拱桥是由拱圈或拱肋作为主要的承载结构。在竖向荷载作用下，拱的主要受力为轴向压力，但也受到一定的弯矩和剪力。支承反力不仅有竖向反力，同时也承受较大水平推力。

（3）刚架桥

刚架桥是指梁与立柱刚性连接的桥梁结构。其主要特点是：立柱具有相当的抗弯刚度，因此可分担梁跨中正弯矩，达到降低梁高、增大桥下净空的目的。在竖向移动荷载作用下，梁主要承受弯矩作用，柱脚处有水平推力，其受力状态介于梁桥与拱桥之间。

斜拉桥基础到上部结构施工

（4）斜拉桥

斜拉桥在竖向荷载作用下，梁以受弯为主，索塔以受压为主，斜拉索则承受拉力。梁被斜拉索多点扣住，每根斜拉索就是一个代替桥墩的弹性支点。梁在这样的多支点支承下，其荷载弯矩减小，梁高也因此降低，从而减轻了结构自重并节省了材料。另外，索塔和斜拉索的材料性能也能得到较充分地发挥。

悬索桥基础到上部结构施工

（5）悬索桥

悬索桥在竖向荷载作用下，其主缆受拉，主缆锚固在两端的锚碇中，主缆中的拉力使锚碇处产生较大的竖向和水平反力。主缆采用高强度钢丝成股编制而成，加劲梁多采用钢桁架或扁平箱梁，桥塔材料可采用钢筋混凝土或钢。悬索桥是主跨最大的桥梁。

5.4.2 梁桥与拱桥

1. 梁桥

梁桥主要承受弯矩和剪力。公路或城市道路中建造的梁桥大多采用钢筋混凝土或预应力混凝土结构，统称为混凝土梁桥。混凝土梁桥具有造型简单、适合工业化施工、经济以及耐久性好等许多优点，特别是结合预应力技术，使得混凝土桥梁得到了广泛应用，也使梁桥成为中小跨径桥梁的主要结构形式。

（1）混凝土梁桥基本体系

混凝土梁桥基本体系按受力特征可分为简支梁桥、悬臂梁桥、连续梁桥、曲线梁桥和斜梁桥五种。图 5.20 所示为梁桥的结构示意图。

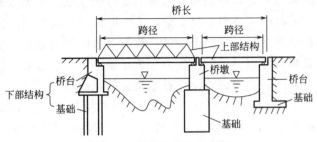

图 5.20 梁桥的结构示意图

① 简支梁桥是结构受力和结构最简单的桥型，属于静定结构，在实际应用中较为广泛。简支梁桥的设计主要受跨中正弯矩的控制，钢筋混凝土简支梁的经济合理跨径在 20m 以下，预应力混凝土简支梁的合理跨径一般不超过 50m。简支梁桥一般用于小桥、大桥中的引桥及城市中的高架桥。

② 悬臂梁桥为边跨悬臂梁和中跨简支挂梁相组合的结构形式，属于静定结构。悬臂梁桥支点截面处产生负弯矩，同等跨度下跨中正弯矩比简支梁桥要小，跨越能力较简支梁桥大，但小于连续梁桥。在构造上，主跨要增加悬臂与挂梁间的牛腿与伸缩缝构造，且牛腿处变形一般会较大、伸缩缝也易损坏，因此易导致行车不平稳，目前这种结构形式已较少使用。

③ 连续梁桥属于超静定结构，在竖向荷载作用下支点截面处产生负弯矩。连续梁桥与同等跨径的简支梁桥相比，其跨中正弯矩显著减小，从而能较大提升其跨越能力。连续梁桥还具有结构刚度大、变形小、主梁变形挠曲线平缓、动力性能好及有利于高速行车等优点。但因连续梁桥是超静定结构，基础不均匀沉降将产生附加内力，因此对基础的要求相对较高，适宜于地基较好的场地。

④ 曲线梁桥的桥梁轴线在平面上是曲线，可采用单跨超静定曲线梁或和多跨连续曲梁的结构形式。城市立交桥中常采用钢筋混凝土曲线梁桥和预应力钢筋混凝土曲线梁桥。

⑤ 斜梁桥是桥轴线与支承线的夹角不垂直，一般用于桥位地质条件限制或跨线桥中。

(2) 梁桥主要截面形式

混凝土梁桥的承重结构一般采用实心板、空心板、肋梁式及箱形截面四种主要截面形式，如图 5.21 所示。采用实心板和空心板截面的桥梁一般称为板桥。四种截面形式中，实心板是最简单的构造形式，一般用于钢筋混凝土简支板桥和连续板桥；空心板截面是指在实心板的基础上，将内部截面进行挖空，减轻结构自重，以增大跨越能力，大

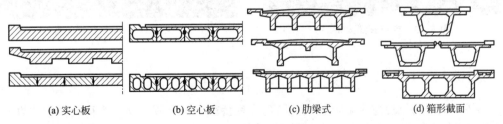

(a) 实心板　　　(b) 空心板　　　(c) 肋梁式　　　(d) 箱形截面

图 5.21 梁桥主要截面形式

多用于预应力混凝土或钢筋混凝土板桥；肋梁式截面是在板式截面的基础上，将截面的某部分挖空，减轻结构自重，以增加梁高与截面抗弯惯性矩。肋梁式截面有T形和工字形两种截面形式：T形截面一般用于简支梁，工字形截面一般用于连续梁、悬臂梁和简支梁。箱形截面的挖空率最高，截面上缘的顶板与下缘的底板混凝土能承受连续梁跨中截面正弯矩和支点截面负弯矩产生的压应力，抗弯能力强，且箱梁为闭口截面，抗扭惯性矩大，抗扭性能好，因而是大跨连续梁桥最适合的截面形式。

中国云南省的六库怒江桥（图5.22）为混凝土连续梁桥，主跨154m，采用3跨预应力变截面箱形梁，箱梁为单箱单室截面，箱宽5.0m，两侧各悬出伸臂2.5m。该桥支点处梁高8.5m，跨中梁高2.8m。

图5.22 六库怒江桥

从结构合理和造型考虑，可设计成V形墩连续梁桥，这样可缩短跨径、降低梁高、减少支点负弯矩。南京长江大桥主桥为公路铁路双层连续桁梁桥，其桥墩就是采用V形墩，主桥长1576m，加上两端的引桥，铁路桥长6772m，公路桥长4588m，如图5.23所示。该桥是我国自行设计、制造、施工，并使用国产高强度钢材的现代化桥梁。九江长江大桥的桥墩也是采用V形墩，主孔采用刚性梁柔性拱组合体系，分跨为180m+216m+180m，其北侧边孔为两联3×162m连续钢桁梁，曾经也是国内最大跨径。如图5.24所示。

图5.23 南京长江大桥

图5.24 九江长江大桥

2. 拱桥

拱桥是世界桥梁史应用最早、最广泛的一种桥梁。与梁桥不同，拱桥将拱圈或拱肋作为主要承载结构，承受拱形的斜向压缩力而不是弯曲力。拱桥在竖向荷载作用下，两端支承除了有竖向反力外,还有较大的水平推力。这个水平推力使桥拱内产生轴向压力,并大大减少跨中弯矩。图5.25所示为拱桥的基本组成。

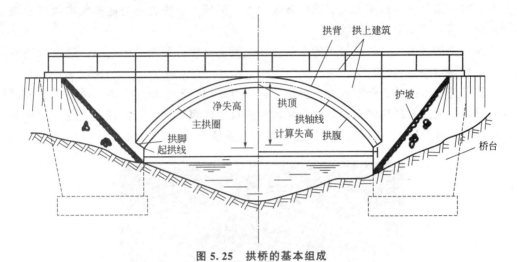

图5.25 拱桥的基本组成

(1) 拱桥的主要类型

按主拱圈的建造材料分类:圬工拱桥、钢筋混凝土拱桥、钢拱桥和钢-混凝土组合拱桥。

按结构体系分类:简单拱桥、桁架拱桥、刚构拱桥(图5.26)和梁拱组合桥。

图5.26 刚构拱桥

按截面形式分类:板拱桥、混凝土肋拱桥、箱形拱桥、双曲拱桥、钢管混凝土拱桥和劲性混凝土拱桥。

按桥面位置分类:上承式拱桥、中承式拱桥和下承式拱桥,如图5.27所示。

由于拱桥是主要承受压力的结构,因而可以充分利用抗拉性能较差而抗压性能较好的

(a) 上承式拱桥

(b) 中承式拱桥

(c) 下承式拱桥

图5.27 拱桥桥面位置

圬工材料（砖、石料、混凝土等）来建造拱桥，这种由圬工材料建造的拱桥，称为圬工拱桥。圬工拱桥具有很多优点，如能充分做到就地取材，相比梁桥能节省钢材和水泥、跨越能力大、构造简单、承载潜力大、养护费用少等。但圬工拱桥也有对地基要求较高、施工时间较长、需要较多劳动力等缺点。

为减小拱的截面尺寸、减轻拱的重量，在混凝土拱中可配置受力钢筋，这样的拱桥称为钢筋混凝土拱桥。

除了上述圬工拱桥、钢筋混凝土拱桥外，还可采用钢材来修建拱桥，从而进一步减轻拱的自重，并大大提高拱的跨越能力。钢拱桥的典型代表有：上海的卢浦大桥，大桥全长3900m，最大跨度为550m；澳大利亚悉尼港钢桁拱桥（图5.28）跨度为502m。

图5.28 澳大利亚悉尼港钢桁拱桥

采用钢管混凝土作为劲性骨架的技术在中国得到了快速的发展，将这类桥梁称为钢-混凝土拱桥。这类拱桥可以直接用钢管混凝土作为拱圈，也可以采用钢管混凝土劲性骨架作为施工承重的构架，并成为拱圈的组成部分。钢管混凝土的受力特征是：管内混凝土受到钢管的约束，在承受轴力时处于三向受力状态，能大大提高混凝土承压能力，使缆索吊装节段的自重量较轻且浇筑混凝土方便等。中国重庆万州长江大桥（图5.29）曾是世界上跨度最大的钢管混凝土拱桥，跨度为420m。

图5.29 重庆万州长江大桥

(2) 主拱圈横截面形式

主拱圈横截面形式常用的有如下几种：板拱、肋拱、双曲拱、箱形拱、钢管拱。

① 主拱圈采用矩形实体截面的拱桥称为板拱桥。其构造简单、施工方便，但在相同截面积的条件下，矩形实体截面比其他形式截面的抵抗弯矩小。通常只在地基条件较好的中、小跨径圬工拱桥中才采用这种形式。

② 肋拱桥通常是在矩形拱板上增加几条纵向肋，以提高拱的抗弯刚度。若根据主拱圈弯矩的分布情况，在跨径中部，肋宜布置在下面；而在拱脚区段，肋布置在上面较为合理。其优点是在用材不多、自重不大量增加的情况下，大大增加拱的抗弯刚度。

③ 双曲拱桥主拱圈横截面由一个或数个横向小拱组成，其主拱圈的纵向及横向均呈曲线形。这种截面抵抗矩较相同材料用量的板拱大，施工中可采用预制拼装，比板拱有较大地优越性，但由于其截面划分过细，组合截面整体性较差，在建成后出现裂缝较多，一般用于中、小跨径拱桥。

④ 箱形拱的外形与板拱相似，由于截面内部被挖空，使箱形拱的截面抵抗矩较相同材料用量的板拱大很多，故能较大地节省材料，减轻自重，对于大跨径拱桥效果更为显著。又因其是闭口形截面，截面抗扭刚度大，横向整体性和结构稳定性均较好，故特别适用于无支架施工，因此，国内外大跨径钢筋混凝土拱桥主拱圈截面大多采用这种截面形式。

⑤ 钢管混凝土拱桥是指以内灌混凝土的钢管作为拱肋的拱桥。钢管混凝土在受压时，其受力特征为三向受压，从而具有比普通钢筋混凝土大得多的承载能力和变形能力。钢管混凝土具有强度高、塑性好、质量轻、耐疲劳、耐冲击等优点。

5.4.3 斜拉桥

斜拉桥是一种桥面体系受压、受弯、支承体系受拉的桥梁。用高强钢材制成的斜拉索把梁多点吊起，将其承受的荷载传递到索塔，再通过索塔传递给基础。斜拉索可充分利用高强度钢材的抗拉性能，又可显著减少主梁的截面面积，使得结构自重大大减轻，故斜拉桥可建成大跨度桥梁。

1. 斜拉桥的结构组成

斜拉桥由主梁、斜拉索和索塔三部分组成，将梁用若干根斜索拉在索塔上，便形成斜拉桥，如图 5.30 所示。

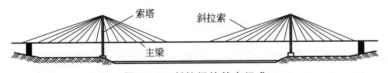

图 5.30 斜拉桥的基本组成

（1）主梁

斜拉桥的主梁一般采用钢筋混凝土结构、钢-混凝土组合结构或钢结构。主梁梁高与主跨比一般在 1/200～1/50，当采用密索体系时，其高跨比可在 1/200 以下。主梁可采用钢箱梁、混凝土箱梁、结合梁和混合梁。

① 钢箱梁。钢箱梁一般采用正交异性板，其典型横截面如图 5.31 所示。

② 混凝土箱梁。混凝土箱梁作为斜拉桥的主梁，一般采用预应力结构，常为双向预应力结构，即纵向预应力和横向预应力。图 5.32 所示为山东滨州黄河斜拉桥的混凝土主梁截面。

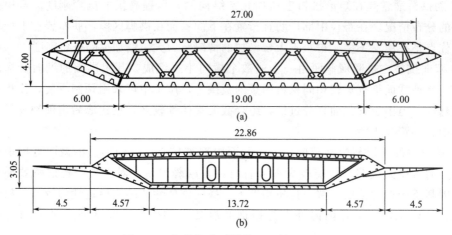

图 5.31 钢箱梁典型横截面（单位：m）

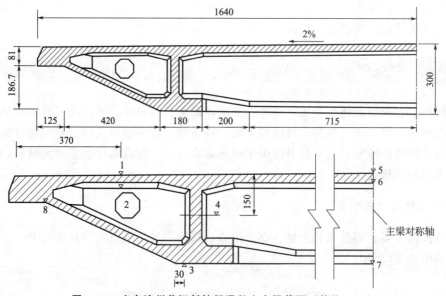

图 5.32 山东滨州黄河斜拉桥混凝土主梁截面（单位：cm）

③ 结合梁。结合梁是梁相当于用预制混凝土桥面板代替钢箱梁的正交异形钢桥面板而形成的钢混结构，比钢箱梁节省钢材，同时刚度和抗风稳定性也优于钢箱梁。上海的南浦和杨浦大桥均采用结合梁主梁。图 5.33 所示为杨浦大桥结合梁截面。

④ 混合梁。现代大跨度斜拉桥为了减少主跨内力和变形、减小或避免边跨端支座出现负反力，往往采用主跨大部分或全部分为钢梁，边跨采用混凝土梁的方案。这种布置除了可以节省钢材外，也特别适用于边跨与主跨比值较小的情况。例如法国诺曼底桥、武汉白沙洲长江大桥等。

（2）斜拉索

斜拉索的种类主要有单根钢绞线、平行钢丝束、钢绞线束和封闭式钢缆。

斜拉索的纵向布置形式主要有辐射形、竖琴形、扇形和星形。

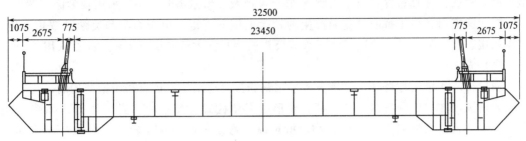

图 5.33　杨浦大桥结合梁截面（单位：mm）

① 辐射形索，如图 5.34 所示，所有索上端均锚固于塔顶，大部分索与主梁的夹角较大，对主梁产生的水平分力较小，而且长索所产生的柔性对结构抗震也有利。但对于大跨度桥而言，过多的索集中锚固在索塔顶是比较困难的，故适于中等或中等偏大的斜拉桥上采用。

② 竖琴形索，如图 5.35 所示，给人以均匀、顺畅、清晰的视觉美感。但从经济和技术的角度，其并不是最佳的选择。

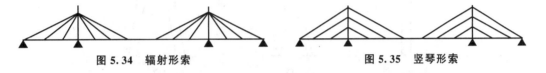

图 5.34　辐射形索　　　　　　　　图 5.35　竖琴形索

③ 扇形索，如图 5.36 所示，扇形索介于竖琴形索和辐射形索之间，综合竖琴形索和辐射形索的特点。虽然在视觉效果比竖琴形索差，但比辐射形索易处理塔上锚固问题，且斜拉索对主梁的支承效能变化不大，是大跨度斜拉桥比较理想的一种布索形式。

④ 星形索，如图 5.37 所示，斜拉索在索塔上的锚固是分开的，而在主梁上则集中在一个公共点上。这种布索方式不太适宜大跨度斜拉桥。

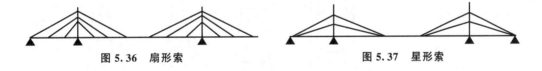

图 5.36　扇形索　　　　　　　　图 5.37　星形索

斜拉索的横向布置形式主要有中心布索（单索面）、侧布索（双索面）和三索面，如图 5.38 中的 (a)、(b) 和 (c) 所示。中心布索整体视觉效果最佳，但桥面过宽时，该结构会产生很大的扭矩，故不宜采用。

对于桥面宽度较大的斜拉桥，基本上采用侧布索体系。当索塔横向采用双柱形、门形

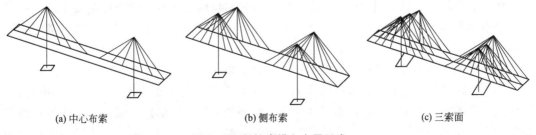

(a) 中心布索　　　　　　(b) 侧布索　　　　　　(c) 三索面

图 5.38　斜拉索横向布置形式

结构时，索面为竖直布置；当采用倒 Y 形、A 形及菱形索塔时，一般采用斜索面布置。

三索面能避免由于桥面过宽而产生的较大的横向弯矩，由于力学和美学的双重原因，很少采用，迄今为止只有我国武汉天兴洲公铁两用长江大桥的南汊主跨斜拉桥采用。

（3）索塔

斜拉桥的索塔也称塔柱，索塔大多采用钢筋混凝土结构，也有采用钢结构的。

索塔纵向布置即顺桥向布置，其主要形式有单柱式、A 字形、倒 Y 形等，如图 5.39 所示。单柱式索塔纵向刚度一般较小，抵抗纵向弯矩的能力相对较低；而 A 字形和倒 Y 形索塔沿桥纵向的刚度较大，抵抗弯矩的能力也较大。采用何种索塔，应根据斜拉桥的跨度、斜索的形式等综合考虑。

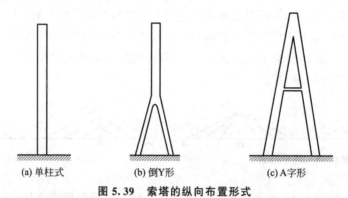

(a) 单柱式　　(b) 倒Y形　　(c) A字形

图 5.39　索塔的纵向布置形式

索塔横向布置主要形式有柱式、门式、A 形、倒 Y 形、菱形等，如图 5.40 所示。

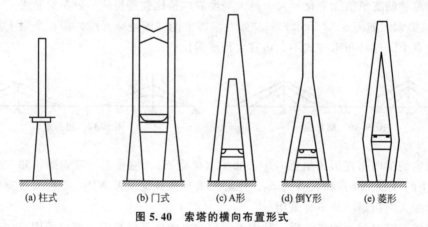

(a) 柱式　　(b) 门式　　(c) A形　　(d) 倒Y形　　(e) 菱形

图 5.40　索塔的横向布置形式

柱式索塔简单，但其刚度较小，适于中心布索斜拉桥，而其主梁刚度则要求较大；门式索塔横向刚度较大，可作为桥面宽度不大的侧布索斜拉桥；A 形和倒 Y 形以及菱形索塔的横向刚度均较大，适于大跨度斜拉桥。

此外，主塔横向布置还应考虑桥面行车的净空要求。

斜拉桥在整体的构造上，根据跨度大小要求以及经济等方面考虑，可以建成单塔式、双塔式或多塔式。由于斜拉索的自锚特性而不需要悬索桥那样的巨大锚碇，加之斜拉桥有良好的力学性能和经济指标，现在已成为大跨度桥梁主要的桥型之一，在跨径 200～800m

的范围内占据着优势。

索塔高度主要由斜拉索的倾角和主塔的工程量和施工难度等因素确定。研究和实践证明，双塔斜拉桥塔高与主跨之比一般在 0.18～0.25，独塔斜拉桥塔高与主跨之比在 0.30～0.45。

2. 斜拉桥发展

世界上第一座大跨度斜拉桥是 1955 年在瑞典建成的施特勒姆大桥，主跨 183m，采用钢筋混凝土板和钢板的组合梁。此后，斜拉桥得到了快速发展。1983 年西班牙建成跨径达 440m 的卢纳巴里奥斯钢筋混凝土斜拉桥；1986 年加拿大建成安娜雪丝大桥，它为一座叠合梁斜拉桥，主跨 465m；1999 年日本建成多多罗大桥（图 5.41），主跨 890m。

图 5.41　日本多多罗大桥

图 5.42　上海杨浦大桥

中国第一座的斜拉桥于 1975 年在四川云阳建成，其主跨 76m。在经过几十年的飞速发展后，这种经济美观的桥梁在中国得到了充分发展和推广，中国在斜拉桥设计、施工技术、施工控制、斜拉索的防风雨振等方面，积累了丰富的经验。1991 年建成了上海南浦大桥，主跨 423m；1993 年建成了当时居世界第一的杨浦大桥（图 5.42），主跨 602m；2001 年建成了南京长江二桥钢箱梁斜拉桥（图 5.43），主跨 628m；2008 年建成的江苏苏通大桥，是目前世界上主跨最大的斜拉桥，主跨达 1088m；2020 年建成的洪鹤大桥主航道桥全长 1940m（图 5.44），依次跨越洪湾水道、磨刀门水道，是世界首座大跨度串联式斜拉桥，由两座主跨 500m 双塔双索面叠合梁斜拉桥串联而成。

图 5.43　南京长江二桥

图 5.44　洪鹤大桥

5.4.4 悬索桥

悬索桥缆索施工过程动画

悬索桥又称吊桥，由索塔、主缆、吊杆、加劲梁、锚碇及鞍座等主要部件组成，如图 5.45 所示。索塔又称主塔，悬索桥的全部活载和恒载以及加劲梁支承索塔上的反力，都将通过索塔传递至下部的桥墩和地基。主缆又称悬索，除承受自身荷载外，主缆还通过吊杆来承担加劲梁的恒载以及作用在桥面上的活载，除此之外，主缆还承担横向风载，并将这些荷载传至索塔。吊杆是将活载和加劲梁等恒载传至主缆的构件，吊杆的布置有垂直式和倾斜式两种。加劲梁主要提供桥面和防止桥面发生过大挠曲变形及扭转变形。锚碇是用来锚固主缆的重要构件，锚碇将主缆中的拉力传递给地基，锚碇的方式有三种：重力式锚碇、隧道式锚碇和自锚式锚碇，其中又以重力式锚碇（图 5.46）的应用最为广泛。

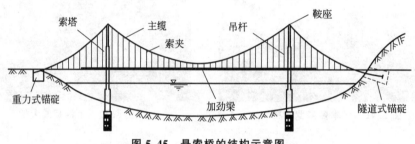

图 5.45 悬索桥的结构示意图

悬索桥是由主缆和加劲梁构成的一种柔性悬挂组合体系，兼有索和梁的受力特点。在外荷载作用下，主缆与加劲梁共同受力，主缆主要承受拉力，加劲梁主要承受弯矩。与其他桥型相比，悬索桥的刚度较低，振动的固有频率低，因此在设计时必须考虑抗风稳定性。

悬索桥具有用料省、自重轻等特点，在各种桥梁体系中的跨越能力最大，跨径可以达到 1000m 以上。当跨径大于 800m，悬索桥方案具有很大的竞争力。现代悬索桥从 19 世纪末美国建成布鲁克林桥（主跨 486m）开始，至今已有 100 多年历史。20 世纪 30 年代初美国建成了华盛顿桥（主跨 1067m），这使得悬索桥的跨度首次超过了 1000m，1937 年美国又建成了旧金山金门大桥（主跨 1280m，图 5.47），在以后的几十年中一直是世界上跨度最大的桥梁，20 世纪 60 年代前后美国相继建成麦基纳克桥（主跨 1158m）、韦拉扎诺桥（主跨 1298m）；20 世纪 80 年代英国建成亨伯桥（主跨 1410m）；1998 年日本建成主跨 1991m 的明石海峡大桥（图 5.48）。悬索桥跨径从 1000m，达到近 2000m，这是一个重大突破。

中国在大跨度悬索桥建设方面虽然起步较晚，但发展很快。1995 年建成汕头海湾大桥（主跨 452m），相继又建成西陵长江大桥（主跨 900m），宜昌长江大桥（主跨 960m），江阴长江大桥（主跨 1385m），江苏润扬长江公路大桥南汊大桥（图 5.49，主跨 1490m），舟山西堠门跨海大桥（主跨 1650m）。

图 5.46 重力式锚碇

图 5.47 旧金山金门大桥

图 5.48 明石海峡大桥

图 5.49 润扬长江公路大桥南汊大桥

5.5 隧道工程

隧道是埋置于岩石或土体内的工程建筑物,是人类开发利用地下空间的一种形式,属于地下空间的一种。隧道的用途广泛,除用于铁路、公路交通、水力发电、灌溉外,也用于上下水道、输电线路等大型管路通道。

5.5.1 隧道分类及工程特点

(1) 隧道分类

隧道的种类繁多,从不同角度,可以有不同分类方法。

按隧道建筑物使用的目的可分为交通隧道、水工隧道、市政隧道和矿山隧道等。交通隧道包括铁路隧道、公路隧道、地下隧道和航运隧道。

按隧道通过的地区可分为山岭隧道、城市隧道、水底隧道等。

按隧道的长短可分为如下。

① 特长隧道:全长≥10000m。

② 长隧道：全长 3000～10000m。

③ 中长隧道：全长 500～3000m。

④ 短隧道：全长≤500m。

(2) 工程特点

我国幅员辽阔、地质多样，隧道常是线路穿山越岭、克服高程障碍的一种重要手段。在许多大型交通工程中，隧道的应用非常广泛。例如成昆铁路全长共 1125km，其中隧道总长就达 352km，占全线总长 34%。采用隧道有许多优点。

① 山岭地区采用隧道可以大大减少展线，缩短线路长度，节约工程成本。

② 减少对植被的破坏，保护生态环境。

③ 可以减少深挖路堑，避免高架桥和挡土墙，因而可减少繁重的养护工作和费用。

④ 减少线路受自然因素，例如风、沙、雨、雪、塌方及冻害等影响，延长线路使用寿命，减少阻碍行车的事故。

⑤ 减少城市交通占地，形成立体交通；在江河、海峡及港湾区，可不影响水路通航。

隧道施工与地面建筑物施工不同，其空间有限、工作面狭小、光线暗、劳动条件差，这些都给施工增加了难度。

5.5.2 隧道结构设计

隧道和其他建筑结构物设计一样，基本要求是安全、经济和适用。由于是地下结构物，设计时要考虑其特殊性，并尽可能使施工容易、可靠。另外还应考虑通风、照明、安全设施与隧道的相互关系。整个隧道应该易于养护管理。

1. 隧道几何设计

(1) 平面线形

隧道平面是指隧道中心线在水平面上的投影。

隧道的平面线形原则上应尽量采用直线，避免曲线。如果必须设置曲线时，其半径不宜小于不设超高的平面曲线半径，并应符合视距的要求。这里有两点应当引起注意：一是小半径曲线，二是超高。如果采用小半径曲线，会产生视距问题。为确保视距，势必要加宽断面。设置超高时，也会导致断面的加宽。这样相应地要增加工程费用。断面加宽后施工也变得困难，断面不统一以及它们的相互过渡都给施工增加了难度。曲线隧道即使不加宽，在测量、衬砌、内装、吊顶等工作上也是很复杂的。此外曲线隧道增加了通风阻抗，对自然通风不利。是否设置曲线，应该根据隧道洞口的地形地质条件及引道线形等综合考虑。

(2) 纵断线形

隧道纵断面是隧道中心线在垂直面上的投影。隧道的纵坡以设计成不妨碍排水的缓坡为宜。在变坡点应放入足够的竖曲线。隧道纵坡过大，不论是在汽车的行驶还是在施工及养护管理上都不利。

隧道控制坡度的主要因素是通风问题。一般把纵坡坡度保持在 2% 以下比较好。超过 2% 时有害物质的排出量迅速增加。另外，从施工出渣和运进材料上看，大于 2% 的坡度是不利的。纵坡坡度大于3%是不可取的。不存在通风问题的隧道，可以按普通道路设置纵坡坡度。对于单向通行的隧道，设计成下坡对通风非常有利。自然通风的隧道，因为两端洞口高差是决定自然通风效果的重要因素之一，所以坡度和断面都应适当加大。

（3）与平行隧道或其他结构物的间距

两条平行隧道相距很近或隧道接近其他结构物时，需要根据隧道的断面形状、交叉角、施工方法及工期等决定相互间的距离。隧道在已有结构物下面设置时，应考虑由于开挖隧道面引起的基础下沉，以及爆破、地下水变化等的影响。

平行隧道的中心距：如果把地层视为完全弹性体时，约为开挖宽度的2倍；而在黏土等软弱地层中，则为开挖宽度的5倍，可以视为几乎不受影响。不过实际地层并非完全弹性体，不明确的相互影响的机制很多，所以准确的中心距需多方考虑。另外，决定中心距时，还应对爆破等施工方法的影响加以考虑。

（4）引线

引线的平面及纵断线形，应当保证有足够的视距和行驶安全。尤其在进口一侧，需要在足够的距离外能够识别隧道洞口。在洞口及其附近放入平面曲线或竖曲线的变更点时，应以不妨碍观察隧道，且保证有足够的注视时间为最低限度。另外，设计引线时还应考虑到接近洞口的桥梁、路堤等。

（5）净空断面

隧道净空是指隧道衬砌的内轮廓线所包围的空间，以道路隧道为例，包括公路建筑限界通风及其他所需的断面积。断面形状和尺寸应根据围岩压力求得最经济值。建筑限界指建筑物（如衬砌和其他任何部件）不得侵入的一种限界。道路隧道的建筑限界包括车道、路肩、路线带、人行道等的宽度，以及车道、人行道的净高。道路隧道的净空除包括公路建筑限界以外，还包括通风管道、照明设备、防灾设备、监控设备、运行管理设备等附属设备所需要的足够空间，以及富余量和施工允许误差等。

隧道行车限界是指为了保证道路隧道中行车安全，在一定宽度、高度的空间范围内任何物件不得侵入的限界。隧道中的照明灯具、通风设备、交通信号灯、运行管理专用设施（如电视摄像机、交通流量、流速检测仪等）都应安装在限界以外。图5.50所示为公路隧

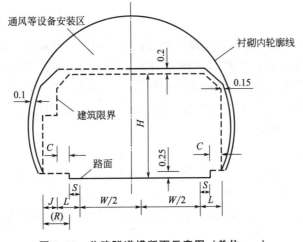

图5.50 公路隧道横断面示意图（单位：m）

道横断面示意图。我国的各级公路隧道建筑对这些指标都有其规范要求。

2. 隧道结构构造

隧道可分为主体建筑物和附属建筑物。前者是为了保持隧道的稳定，保证隧道正常使用而修建的，由洞身结构及洞门组成。后者指保证隧道正常使用所需的各种辅助设施，例如铁路隧道供过往行人及维修人员避让列车而设的避车洞，长隧道中为加强洞内外空气更换而设的机械通风设施以及必要的消防、报警装置等。

(1) 洞身衬砌

① 直墙式衬砌。这种类型的衬砌适用于地质条件比较好，以垂直围岩压力为主而水平围岩压力较小的情况。直墙式衬砌由上部拱圈、两侧竖直边墙和下部铺底三部分组合而成。

② 曲墙式衬砌。曲墙式衬砌适用于地质较差，有较大水平围岩压力的情况。曲墙式衬砌由顶部拱圈、侧面曲边墙和底板（或铺底）组成。

③ 锚喷式衬砌。锚喷式衬砌是指锚喷结构既作为隧道临时支护，具有隧道开挖后衬砌及时、施工方便和经济等显著特点，特别是钢纤维喷射混凝土技术显著改善了普通喷射混凝土的性能，在围岩整体性较好的军事工程、各类用途的使用期较短及重要性较低的隧道中广泛使用。

④ 复合式衬砌。复合式衬砌是指把衬砌分成两层或两层以上，可以是同一种形式、方法和材料施作的，也可以不同形式、方法、时间和材料施作的。目前大多采用内外两层衬砌。按内外衬砌的组合情况可分为锚喷支护和混凝土衬砌。

(2) 洞门

洞门是隧道两端的外露部分，也是联系洞内衬砌与洞口外路堑的支护结构，其作用是保证洞口边坡的安全与仰坡的稳定，引离地表流水，减少洞口土石方开挖量。洞门也是标志隧道的建筑物，因此，洞门应与隧道的规模、使用特性、周围建筑物、地形条件等相协调。洞门附近的岩体通常比较破碎松软，易于失稳，形成坍塌。为了保护岩体的稳定和使车辆不受坍塌、落石等威胁，确保行车安全，应根据实际情况，选择合理的洞门形式。

(3) 明洞

明洞是隧道的一种变化形式，采用明挖法修筑。明洞一般修筑在隧道的进出口处，当遇到地质条件差且洞顶覆盖层较薄，用暗挖法难以进洞时，或洞口路堑边坡上有落石而危及行车安全时，或铁路、公路、河渠必须在铁路上方通过，且不宜做立交桥或涵渠时，均需要修建明洞。明洞结构类型常因地形、地质和危害程度的不同，有多种形式，采用较多的为拱式明洞和棚式明洞两种。

(4) 附属构筑物

为了使隧道能够正常使用，保证列车安全运行，除了修筑上述主要建筑外，还要修筑一些附属构筑物。其中包括避车洞、防排水设施、照明和电力及通信设施等。当然，对于不同类型的隧道，其附属构筑物是有区别的，具体情况则需根据其具体特性加以设计。

5.6 港口工程

码头项目建设过程动画展示

港口是综合运输系统中水陆运输的重要枢纽，通常是铁路、公路、水路等运输方式的汇集点。中国现有万吨级以上泊位的港口达 500 座，中国洋山港是目前世界第一大港口。

港口建设投资规模大、周期长、关联问题多，港口规划是国家和地区国民经济发展规划的重要组成部分，做好不同阶段的港口发展规划和港口布置，是进行港口建设前期工作的主要内容。

5.6.1 港口规划

港口规划是港口建设的重要前期工作，一般分为港口的总体规划、总体布局及港口工程可行性研究。

1. 总体规划

港口建设地点的选择是在港口布局的基础上进行的，是总体规划中重要一环。根据港口生产规模、进港船型、远景发展，结合当地地形、水文气象、交通等条件，从经济、军事和技术等各方面进行全面分析后确定。港址的确定是一项复杂的工作，港址选择的合适与否将直接影响到港口后期的各方面工作的开展。

一个港口每年从水运转陆运和从陆运转水运的货物数量总和，称为该港的货物吞吐量，是港口设计规划的基本指标。在港口锚地进行船舶转载的货物数量应计入港口吞吐量。港口吞吐量的预估是港口规划的核心。港口的规模、泊位数目、库场面积、装卸设备数量以及集疏运设施等皆以吞吐量为依据进行规划设计。

2. 总体布局

（1）港口组成

一个完整的港口包括水域部分和陆域部分。水域部分由进港航道、港池和锚地组成。若水域掩护不良，则需建造防波堤。陆域部分通常有码头、仓库、堆场、港区铁路与道路、装卸和运输机械以及其他各种辅助设施和生活设施，如图 5.51 所示。

港口水域部分是指港界线以内的水域面积，使船舶能安全地进出港口和靠离码头和稳定地进行停泊和装卸作业。港口陆域部分是港界线以内的陆域面积，一般包括装箱作业地带和辅助作业地带两部分，并包括一定的预留发展地。

（2）港口总体布局

港口的总体布局包括码头的布置、水陆域面积的大小、库场与码头泊位的相对位置、作业区的划分以及港内交通线路的布置等。港口总体布置合理，不仅能充分利用港区的自然条件，避免大量的工程填方，减少外堤长度，保证最小的建筑工程量和最经济的费用，而且能使船舶方便安全地进出港区进行作业。

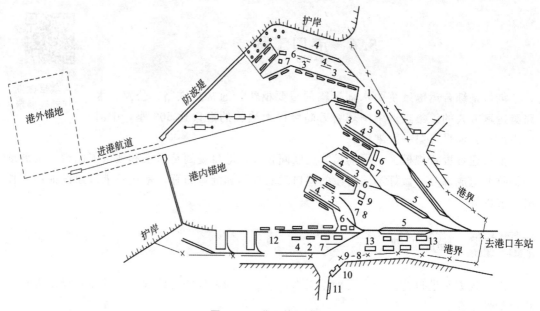

图 5.51 港口的组成图

1—导航标志；2—港口仓库；3—露天货场；4—铁路装卸线；5—铁路分区调车场；6—作业区办公室；
7—作业区工人休息室；8—工具库房；9—车库；10—港口管理局；11—警务室；12—客运站；13—仓储库

3. 工程可行性研究

港口工程可行性研究是指从各个方面研究规划实施的可能性。其主要内容是通过全面的调查研究和必要的勘探、测量等工作，进行技术、经济论证，为确定拟建工程项目方案是否值得投资提供科学的决策依据。

可行性研究一般分为两个阶段，即初步可行性研究和工程可行性研究。对于小型的并不复杂的港口工程，也可以直接进行工程可行性研究。初步可行性研究，是项目建议书和工程可行性研究之间的中间阶段，需对不同的方案作出粗略的分析、比较，以便初步确定最佳方案。工程可行性研究一般包括以下内容：①现状评价；②预测运量发展；③建设的合理规模；④技术可行性论证；⑤进行全面布置设计；⑥解决"三通"（水、电、路），征地拆迁和建材供应问题；⑦施工条件和工期安排；⑧企业组织管理和人员安排；⑨投资估算及效益分析；⑩结论及建议。

5.6.2 码头建筑

码头是供船舶停靠、装卸货物和上下旅客的水工建筑物的总称。码头一般采用直立式，便于船舶停靠和机械直接开到码头前沿，以提高装卸效率。

码头按照平面布置分有顺岸式码头、突堤式码头、挖入式码头、开敞式码头和墩式码头等；按照用途分，有一般性杂货码头、专用码头（渔码头、油码头、煤码头、矿石码头、集装箱码头等）、客运码头、供港内工作船使用的工作船码头以及为修船和造船工作而专设的修船码头、舾装码头。

1. 平面布置形式

码头的平面布置根据岸线自然条件及作业条件等因素可分为以下几种常见形式。

(1) 顺岸式

这种形式码头的前沿线与自然岸线大体平行,在河港、河口港及部分中小型海港中较为常用。其优点是陆域宽阔、疏运交通布置方便、工程量较小。如图 5.52 所示。

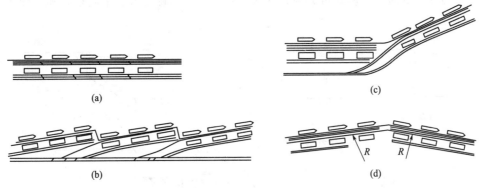

图 5.52 顺岸式码头

(2) 突堤式

突堤是一个整体结构,突堤码头又分窄突堤和宽突堤(两侧为码头结构,当中用填土构成码头地面)。码头的前沿线布置成与自然岸线有较大的角度,如青岛、天津、大连等港口均采用了这种形式。其优点是布置紧凑,在有限的水域范围内可建较多的泊位;其不足是突堤宽度有限,不方便作业。为了解决这种问题,往往采用突堤式与顺岸式结合布置,如图 5.53 所示。

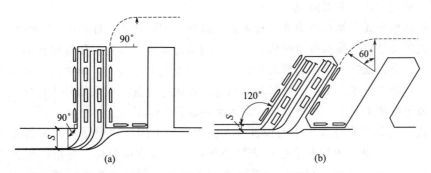

图 5.53 突堤式与顺岸式结合布置

(3) 挖入式

港池由人工开挖形成,在大型的河港及河口港中较为常见,如德国的汉堡港、荷兰的鹿特丹港等。挖入式港池布置,也适用于潟湖及沿岸低洼地建港,利用挖方填筑陆域,有条件的码头可采用陆上施工。中国的唐山港和日本的鹿岛港就属这种类型。

(4) 开敞式

这种形式的码头一般布置在离岸较远的深水区,无防波堤或其他天然屏障掩护。随着船舶大型化和高效率装卸设备的发展，外海开敞式码头已被逐步推广使用，这种码头主要用于大型液货（如原油）和大型散货船的泊靠。

(5) 墩式

墩式码头又分为与岸用引桥联系的孤立墩或用联桥联系的连续墩。

2. 断面形式

按照码头前沿的断面形式可分为直立式、斜坡式、半直立式、半斜坡式和多级式，如图 5.54 所示。

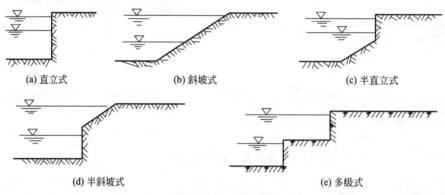

图 5.54 码头断面形式

在海港、河港等水位较深且变化不大时常采用直立式码头，这种码头停泊大船；对于天然河流的上游和中游港口，其水位变化较大，一般采用斜坡式码头；对于高水时间较长河港或水库港，可在低水位部分修成斜坡式而在高水位部分修成直立式的半直立式码头；半斜坡式码头适用于枯水时间较长而高水位时间较短的情况，如天然河流上游的港口，可将其上部修成斜坡式，下部修成直立式。

码头按结构形式主要有重力式、板桩式、高桩式和混合式，如图 5.55 所示。

重力式码头是将码头前沿岸壁修成来连续的重力式挡土结构，依靠结构物自重及其范围内填料的自重，抵抗构筑物的滑动和倾覆。故自重越大越有利，但对地基附加压力也越大，使地基可能失稳或产生过大的沉降。因此，可通过设置基础来将外力传递到较大面积的地基上或下卧硬土层上。在地基较好时可采用这种结构形式。

板桩式码头是依靠打入土中的板桩来支挡板后的土体。这种结构的下部受到较大的土压力，通常在上部设置拉杆和锚碇来减小板桩的上部位移和跨中弯矩。板桩式码头具有结构简单、材料用量少、可预制、施工方便等优点，但其耐久性不如重力式，且由于板桩是一较薄的构件，又承受较大的土压力，因此板桩式码头只用于墙高在 10m 以下的情况。

高桩式码头由桩基和上部结构组成。上部结构（也称桩台或承台）由桩帽、横梁、纵梁和面板组成。桩基与上部结构连成一体。高桩码头主要适用于软土地基，其结构承载能力有限，耐久性不如重力式码头。

重力式码头和板桩式码头又称为岸壁式码头，它们具有较好的耐久性，同时能够承受较大的船舶冲击，但码头前波浪反射较严重，船舶泊稳条件较差。高桩式码头为透空式，

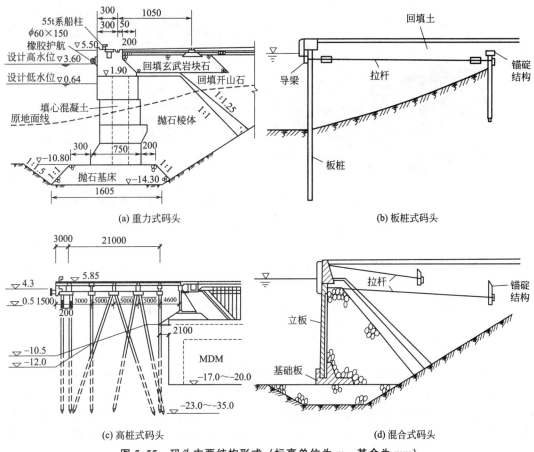

图 5.55 码头主要结构形式（标高单位为 m，其余为 mm）

其下部结构为不连续结构，相比之下，承受水平冲击的能力较低、耐久性也较差，但其码头前的波浪反射则较轻。

除上述三种主要结构形式外，根据当地的地质、水文、材料、施工条件和码头使用要求等，将不同的结构混合，即混合式码头。

5.6.3 防波堤

防波堤是为阻断波浪冲击力、围护港池、维持水面平稳以保护港口免受恶劣天气影响，以便船舶安全停泊和作业而修建的水中构筑物。防波堤还可防止港池淤积和波浪冲蚀岸线。

1. 平面布置

防波堤平面布置，特别是口门位置、方向、大小，对海港水域的水面平稳和泥沙淤积起决定性作用。防波堤有的呈环抱形（图 5.56），底端与岸线连接，顶端形成口门；有的离岸与岸线大致平行，口门设在堤的两端。防波堤一般有四类，如图 5.57 所示。

图 5.56　环抱形防波堤

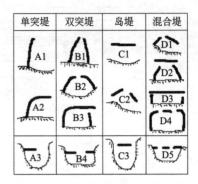

图 5.57　防波堤的平面布置形式

（1）单突堤

单突堤就是在海岸适当位置单独修筑一条伸入海水适当深处的堤。A1 或 A2 式适用于波浪传播方向和泥沙运动方向比较单一，或港区一侧已有天然屏障时可采用式，但在沿岸泥沙活跃地区，不宜采用；A3 式适用于海岸已有天然湾澳的水域已足以满足港区使用的情况。

（2）双突堤

双突堤是自海岸两边适当位置，修筑两条堤伸入海水适当深处，两堤末端形成一突出深水的口门，以围成较大水域，保持港内航道水深。B1 式只适于海底平坦开敞海岸中小型海港；B2 式适于海底坡度较陡、能形成较宽港区的中型海港。B3 式大修筑多建在海底坡度较陡而水又深且迎面风浪特大的港口；B4 式利用已有中央为深水的天然湾澳，其修筑费用低。

（3）岛堤

岛堤就是筑堤于海中，如同岛屿，专拦迎面袭来的波浪与泥沙。岛堤可做单岛、多岛。C1 式适于海岸平直、水深足够、风浪迎面而海浪涌动方向变化范围不大的港口；C2 式适用于略有湾港而水深的海岸。港内水域进深长度不够时，C2 式堤比 C1 式距岸较远，可增加港内水域面积。C3 式适于两岸水较深而湾口有暗礁或沙洲且已有足够宽水域的湾澳。

（4）组合堤

组合堤又称混合堤，由突堤与岛堤组合而成。D1 式是增加岛堤以阻挡突堤端的回浪；D2 式是通过建于双突堤口外的岛堤来阻挡强波侵入港内；D3 式适于岸边水较深，海底坡度较陡的地形；D4 式适于海底坡度平缓，岸边水深不大，须借防浪堤在海中围成大片港区的情况；D5 式适用于已有良好掩护的天然开阔湾澳。

2. 构造形式

防波堤按其构造形式和对波浪的影响有斜坡堤、直墙堤、混成堤、透空堤、浮堤、喷气堤和射水堤等类型。结构形式的选择，取决于水深、潮差、波浪、地质等自然条件，以及材料来源、使用要求和施工条件等。

(1) 斜坡堤

一般由石块或各种形式的混凝土块体抛筑而成；也有的是堤心抛石，面层护以重量较大的混凝土块体，如图 5.58 所示。斜坡堤一般适用于浅水、地基较差和石料来源丰富的地方。如果用混凝土块体护面，其也适用于水深较大、波浪较大的地方。

(2) 直墙堤

直墙堤采用混凝土方块砌筑而成，如图 5.59 所示。这种防波堤适用于岩基或较密实的地基，墙底常铺一层碎石基床，堤外基床面根据需要铺设护面块石，堤内侧可兼作码头用。

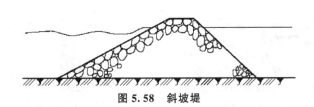

图 5.58 斜坡堤　　　　　　图 5.59 直墙堤

(3) 混成堤

混成堤就是下部为抛石结构，上部为直墙结构，是斜坡式和直立式相结合的形式，如图 5.60 所示。混合式防波堤又分为两种。一种是上部直墙的底面高于或接近低水位；另一种是上部直墙的底面坐落在低水位以下足够深度处，以减轻波浪对于下部抛石基础的破坏作用。

(4) 透空堤

透空堤是根据波浪能量集中于海水表层的原理把上部防浪结构安设在桩、柱支撑上，构成下部可以透水的一种防波堤，如图 5.61 所示。在波浪小、水深大的水域修建重型防波堤工程量大，不经济时，可采用这种轻型堤。这种结构形式有空箱、一两道直挡板、斜板、平板等，其中箱和板也可做成透水的。桩、柱等支撑为透空结构，下部波仍可以穿越。透空堤是采用挡板固定在桩台两侧的结构，一侧用来防浪，另一侧可以作码头用。

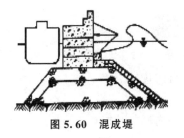 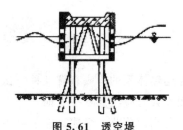

图 5.60 混成堤　　　　　　图 5.61 透空堤

(5) 浮堤

浮堤是由浮体和锚系设备组成的可消减表面波能的一种防波堤，如图 5.62 所示。浮堤结构有排筏、气囊、空箱或其他特殊形体，常用铁锚系在沉块上。每道浮堤要有足够的宽度，有时需设数道浮堤才能有效地防浪，再加上其结构的活动性，常须考虑平面布置问题。浮堤有易于搬移的特点，可以多处使用。浮堤结构有较多的局限性，主要用某些需临时防波设施的水域或水深而浪小的水域。

（6）喷气堤

喷气堤是利用空压机，通过安置在水底的有孔管道喷排气泡，形成气幕和两侧的环流，阻碍并消减波浪的装置，如图5.63所示。这种防波堤的最大优点是，当喷气管安置在足够水深时，船舶可畅通无阻越过而驶入港口。喷气堤易发生锈蚀、耗电量大、运转费用高。喷气堤易于搬移，适用于临时性工程。

（7）射水堤

射水堤（图5.64）是利用水泵，通过安置在水面的喷嘴喷射水流，以达到消减波能的装置。射水堤耗电量大，适用于临时性维修工程。

 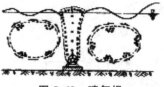 

图5.62　浮堤　　　　　图5.63　喷气堤　　　　　图5.64　射水堤

本章小结

道路运输、轨道运输、水路运输和航空运输组成了完整的交通运输体系。

道路运输承担固线外的延伸运输任务，可实现直达运输；轨道运输具有运输能力大、速度快、成本低、安全可靠的特点；水路运输承载能力大且运输成本低，但其运输周期长；航空运输速度快、成本高、能耗大。这四种运输方式相互联系、相互合作共同承担着客、货的集散与交流，控制着国民经济的命脉。

思考题

1. 交通运输体系的构成有哪几种？试分析各自的优缺点。
2. 路面设计时应注意哪些方面？
3. 什么是高速公路？简述高速公路生态护坡的内涵与功能。
4. 简述铁路的分类和优缺点，说明铁路选线设计应注意的事项。
5. 简述机场的组成。
6. 分析桥梁的结构形式，并分析其受力特点。
7. 混凝土梁桥的承重结构常见的形式有哪几种？分析其受力特点。
8. 拱桥的主要类型有哪几种？请分析各自的优缺点。
9. 主拱圈的横截面形式有哪几种？请分析各自的优缺点。

10. 分析斜拉桥的受力特点。
11. 分析悬索桥的受力特点。
12. 简述隧道工程的优缺点。
13. 隧道的几何设计分为哪几点？
14. 什么是隧道建筑限界？
15. 码头的布置形式有哪些？
16. 码头按照前沿的横断面形式可分为哪几种？分别适用于什么样的港口？
17. 码头按结构形式可分为哪几种？分析其优缺点。
18. 简述防波堤的平面布置和结构形式。

 阅读材料　　　　　全球最快高速磁悬浮列车

在青岛，我国时速600km高速磁悬浮正式下线，这是全球首个600km/h的磁悬浮列车系统（图5.65），是当前速度最快的地面交通工具，是世界轨道交通领域的尖端科技成果。作为国际尖端技术，高速磁悬浮是世界轨道交通领域的一大"制高点"，是全球交通科技竞争的战略高地。目前，该系统已完成了集成和系统联调。为掌握高速磁悬浮关键技术，在科技部"十三五"国家重点研发计划先进轨道交通重点专项课题支持下，由中国中车组织，中车四方股份公司牵头，汇集国内磁悬浮、高铁领域30多家高校、科研院所和企业"产学研用"联合开展了时速600km高速磁悬浮交通系统的研制。

图5.65　高速磁悬浮列车

作为一种新兴高速交通模式，高速磁悬浮具有速度高、安全可靠、噪声低、振动小、载客量大、维护量少等优点。目前，高铁最高运营速度为350km/h，飞机巡航速度为800~900km/h，时速600km的高速磁悬浮可以填补高铁和航空运输之间的速度空白。高速磁悬浮应用场景丰富，既可用于长途运输，即"走廊化"交通，在大型枢纽城市之间或城市群之间形成高速走廊，促进地区间协同发展；又适用于中短途客运，即"通勤化""同城化"交通，用于大城市通勤或城市群内相邻城市的城际连接，打造半小时至1小时经济圈，促进都市圈和城市群"一体化""同城化"发展。

第6章 地下工程

 教学目标

本章主要讲述地下商业建筑、地下工业建筑、民防工程与地下综合管廊工程的概念、分类、作用及发展。通过本章学习,应达到以下目标。

(1) 了解地下工程的概念、历史阶段与分类。

(2) 了解各类地下工程的概念、分类、作用与发展。

(3) 了解地下工程的特点以及大力发展地下空间的必要性。

教学要求

知识要点	能力要求	相关知识
地下商业建筑	(1) 了解地下街的概念与分类 (2) 了解地下商场的主要作用 (3) 了解地下停车场的分类	地下街的发展过程与积极作用
地下工业建筑	(1) 了解地下水电站的组成与优势 (2) 了解地下核电站的分类 (3) 了解地下垃圾处理厂的特点	(1) 地下水电站与抽水蓄能电站的区别与联系 (2) 地下核电站的优点
民防工程	了解民防工程的概念与分类	民防工程的发展历史
地下综合管廊工程	了解地下综合管廊的概念、分类与发展	地下综合管廊的功能与设计要点

 引例　　　　　　　　　　816 工程

816 工程(图 6.1)位于重庆市涪陵区白涛街道,紧邻乌江,背靠武陵山。该工程 1966 年开始建设,打山洞用时 8 年,安装设备用时 9 年,总投资 7.46 亿元。6 万多人先后参与工程建设,历经急建、缓建、停建和转产 4 个阶段。1984 年因国家战略调整,工程停建,2002 年工程解密。

816 工程轴向叠加全长超 20 千米,完全隐藏在山体内部,洞内冬暖夏凉,总建筑面积 10.4 万平方

米,主洞室高 79.6m,拱顶跨高 31.2m,洞内有大型洞室 18 个,道路、导洞、支洞、隧道及竖井 130 多条,建筑布局宛如迷宫:洞中有洞,洞中有楼,楼中有洞。

2009 年 816 工程被列入重庆市文物保护单位,2017 年被列入"第二批中国 20 世纪建筑遗产"名单,2018 年入选"中国工业遗产保护名录",2019 年被评定为国家 AAAA 级旅游景区。

(a)

(b)

图 6.1 816 工程

当今世界,人类正在向地下、海洋和宇宙开发。向地下开发可归结为地下资源开发、地下能源开发和地下空间开发三个方面。向地下要空间是我国城市发展和深地应用的重要方向之一。

在地面以下土层或岩体中修建各种类型的地下建筑物或结构的工程,称为地下工程。它包括交通运输方面的地铁、公路隧道,地下停车场,过街或穿越障碍的各种地下通道等;军事方面的野战工事、地下指挥所、通信枢纽、掩蔽所、军火库等;工业与民用方面的各种地下车间、电站、储存库房、商店、民防与市政地下工程等;文化、体育、娱乐与生活方面的联合建筑体等。

地下工程的发展历史大致分为下列四个阶段。

(1) 第一阶段:从人类出现至公元前 3000 年的远古时代,原始人类利用洞穴居住。

(2) 第二阶段:从公元前 3000 年至 5 世纪的古代,出现了许多经典建筑,如我国的坎儿井、古巴比伦的引水隧道等,我国东周及秦汉时期陵墓和地下粮仓也已初具规模。

(3) 第三阶段:从 5 世纪到 14 世纪。约于公元 7 世纪,我国的孙思邈在《丹经》一书中记载了黑火药的制法。西方于公元 1240 年,阿拉伯文的《单方大全》一书出现了火药原料硝石,并于 13 世纪后期传到欧洲,从而导致了世界范围矿石开采技术的出现,推动了地下工程的发展。

(4) 第四阶段:从 14 世纪到现代。近代隧道兴起于运河时期,从 17 世纪起,欧洲陆续修建了许多运河隧道。法国的米迪运河隧道,建于 1666—1681 年,长 157m。1863 年英国伦敦建成世界上第一条地铁。1866 年瑞典人诺贝尔发明黄色炸药,为开凿坚硬岩石创造了条件。

我国地下空间利用始于西北黄土高原,窑洞等简单的地下空间结构至今已有数千年历史。在陕西北部发现了 5000 年前的窑洞,其中一部分至今保存完好;在宁夏海原县发现了4000年前的窑洞；在西藏古格王国遗址发现了700年前的古窑洞。我国在20世纪六七十年代建设了一大批地下工程。1965年北京开始建设地铁，一期二期总施工长度达40.27km；70年代我国修建了大量地下民防工程；80年代上海建成延安东路水底公路隧道，全长2261m；90年代以来，我国城市地下的交通与市政设施飞速发展。目前我国建成并开通地铁的城市就有几十个，与此同时，城市高层建筑地下室随着城市中心及居住小区的开发而大量发展。此外，地下街、地下宾馆、地下会堂、地下娱乐中心、地下停车场、地下仓库、地下冷库等在各大中城市里纷纷涌现。

6.1 地下商业建筑

城市地下空间的开发利用，已经成为现代城市规划和建设的重要内容之一。常见的地下商业建筑有地下街、地下商场、地下停车场。

6.1.1 地下街

在各种建筑物的地下层之间建立地下连通道，或独立建造，形成总体形态狭长且旁边设店铺、事务所、停车场等的地下道路，统称为地下街。地下街最早出现在20世纪30年代。其发展初期是在一条供步行用的地下连接通道的两侧开设一些商店，由于与地面上的商业街相似，因而称为"地下街"。经过几十年的发展，地下街的含义已从单纯的商业性质演变为包括多种城市功能，同交通、商业及其他设施共同组成并相互依存的地下综合集合体。地下街在国土小、人口多的日本最为发达。欧美一些国家也正在积极地修建地下街，如加拿大的蒙特利尔市，以地下铁道车站为中心，建造了联络该城市2/3设施的地下街。该地下街总面积达400万平方米，仅步行街长度就达30km，每天从这里出入的人数接近100万，是目前全球最大的地下街。

地下街常按规模和形态进行分类。地下街按规模（主要依据其中商店数量与规模面积）可分为：小型，面积在3000m^{2}以下，店铺数量小于50个；中型，面积在3000～10000m^2，店铺数量50～100个；大型，面积在10000m^{2}以上，店铺数量超过100个。

图6.2 东京八重洲地下街

地下街按形态（主要依据所在位置和平面形态）可分为以下几类。

（1）广场型，一般修建在车站前的广场下面，与交通枢纽连通。这种地下街的特点是规模大、客流量大、停车需求量大，主要起疏散人流的作用。例如东京八重洲地下街（图6.2）是日本最大的地下街，它分为两层，上层为人行通道及商业区，下层为交通通道，其长约6km，面积6.8万平方米，设有商店141个，与51座大楼连通，每天活动人数超过300万。

(2) 街道型，一般修建在城市中心区较宽阔的主干道下，平面为狭长形。这种地下街的特点是拥有较多出入口且出入口与地面街道和地面商场相连，主要作为地下人行道。例如我国成都市顺城大街地下街，位于成都市中心繁华商业区，全长1300m，分单、双两层，总建筑面积4.1万平方米，宽18.4~29.0m，中间步行街宽7.0m，两边为店铺，有30个出入口。

(3) 复合型，即广场型和街道型的复合，兼具两者的特点，其规模庞大，内部构造复杂。一些大型的地下街多属于此类。

地下街除了具有繁华的商业性质，也是一个综合体，在不同的城市以及不同的位置，具有不同的主要功能。地下街在我国的城市建设中起着多方面的积极作用，其具体表现如下。

(1) 有效利用地下空间，改善城市交通。近年来我国所修建的地下街大部分位于大城市十字交叉口的人流车流繁忙地段，通过地下街实现了人车分流，改善了交通。

(2) 地下街与商业开发相结合，促进区域经济，提高经济效应。

(3) 改善城市环境，提升宜居指数。

(4) 具有较强的防护城市灾害的能力，既可以为防御灾害做好准备，也可以在受灾后保存城市部分功能。

6.1.2 地下商场

商业是现代城市的重要功能之一。我国地下空间的开发和利用，在经历了一段以民防地下工程建设为主体的历程后，目前正逐步走向与城市的改造、更新相结合的道路。一大批中国式的大中型地下综合体、地下商场在一些城市建成。把商场放入地下，不仅可以减少地上的人流量，缓解日益紧张的交通，还可以减少在保温、制冷方面的能源损耗，一举多得。例如广州时尚天河商业广场（图6.3），是广州最大的地下商场，位于商圈的中轴线上，占地面积14万平方米，建筑面积22万平方米，项目连接4条地铁线，百余条公交线路，设有商户1300多家，年客流量超4500万人次。

图6.3 广州时尚天河商业广场

6.1.3 地下停车场

汽车在我国已经非常普及，同时人们对人居生态环境提出了更高的要求。我国城市的停车问题已日益尖锐，大量道路路面被用于停车，加重了动态交通的混乱，对城市的居住环境也产生了不良的影响，因此，对有组织的公共停车的需求已十分迫切。

停车场占地面积大，在城市用地日趋紧张的情况下，将停车场放在地面以下，是解决城市中心地区停车难的有效途径之一。我国地下停车位占总停车场的比例较低，因此我国城市的地下停车场还需大量增加。目前我国北京、上海、沈阳、南京、武汉等城市结合地下综合体的建设，均建造地下停车场，容量从几十辆到几百辆不等。图 6.4 所示为地下停车场。

图 6.4　地下停车场

地下停车场按建筑形式可分为单建式停车场和附建式停车场。

（1）单建式停车场，一般建于城市广场、公园、道路、绿地或空地之下，主要特点是不论规模大小，对地面上的城市空间和建筑物基本没有影响。除少量出入口和通风口外，其顶部覆土后可以为城市保留开敞空间。

（2）附建式停车场，是利用地面高层建筑及其裙房的地下室布置的地下停车场。这种地下停车场，使用方便，节省用地，规模适中，但设计中要选择合适的柱网，以满足地下停车和地面建筑使用功能的要求。

6.2　地下工业建筑

地下工业建筑主要有地下水电站、地下核电站、地下垃圾处理厂等。相对于地面而言，在地下进行各种建筑施工和工业生产要更加困难，成本也更高。

6.2.1 地下水电站

地下水电站是指厂房设置在地下深处的水利工程。一般由拦河坝、小型水库、进水管、主要工业厂房、室内通风管道和尾水管等组成。其优点是：与地面建筑干扰小且不占用地面位置，工期短；有利于获得更大的压力水头，使得在枯水季节，水位较低时也能进行发电工作。其大致可分为利用江河水源的地下水力发电站和循环使用地下水的抽水蓄能水电站。地下水电站在我国的东北和西南地区建设较多。

我国最早的地下水电站是天门河水电站（图 6.5），其位于贵州省桐梓县，装机容量 576 千瓦，1939 年开工，1945 年投产发电。我国最大的地下水电站是三峡地下水电站（图 6.6），位于湖北省秭归县，装机容量 420 万千瓦，2011 年首批机组发电，2012 年全面投产。

图 6.5 天门河水电站

图 6.6 三峡地下水电站

抽水蓄能电站是利用电力负荷低谷时的电能抽水至上水库，在电力负荷高峰期再放水至下水库发电的水电站。抽水蓄能电站是电力系统中相比于风能、核能而言，最可靠、最经济，同时也是寿命周期较长的储能装置。其主要作用如下。

① 解决电力系统的调峰问题。
② 调压调相。
③ 预防事故备用，以保障电力系统安全且稳定运行。

抽水蓄能电站按有无天然径流可分为两种：一是纯抽水蓄能电站，发电引水无天然径流；二是混合式抽水蓄能电站，发电引水中有部分天然径流。中水头与低水头常采用地面厂房，而高水头多采用地下或半地下厂房。

我国比较有代表性的抽水蓄能电站是浙江省湖州市的长龙山抽水蓄能电站（图 6.7），其与多年前竣工投产的天荒坪抽水蓄能电站遥相呼应，属于一个区域开出的两朵世界级抽水蓄能电站"姐妹花"。

(a) 山上水库

(b) 地下电站厂房

图 6.7 长龙山抽水蓄能电站

6.2.2 地下核电站

地下核电站是将各种核反应堆及其控制系统、核燃料贮存设施和处置库全部或部分置于地下的联合体。世界上第一座地下核电站诞生于苏联，1964年投产运行，采用全埋方式。

地下核电站主要分三种：一是天然洞式核电站，即建在自然形成的山洞中；二是全地下式核电站，即完全建在地下岩层（含盐层）或人工洞室中；三是半地下式核电站，即一半埋在地下，一半加覆盖层。

地下核电站的优点如下。

① 发生事故时能够更好地限制气体释放。
② 降低堆芯熔化事故造成的公共卫生影响。
③ 降低地震影响并增强对外部危险和极端事故的防护能力。
④ 有利于保护地表自然环境。
⑤ 有利于解决建设场地短缺问题。
⑥ 退役比较容易，退役成本较少。
⑦ 可建在城市附近，降低输电费用。
⑧ 有利于减轻公众对核电设施安全威胁的担忧。

6.2.3 地下垃圾处理厂

地下垃圾处理厂是将处理垃圾的设备放置于地下的垃圾处理厂，其可以有效地防止垃圾灰尘以及臭气的逸散，并提高垃圾处理效率。常见的垃圾处理厂大部分都置于地上，由于处理城市垃圾的主要方式是填埋、焚烧、堆肥，对生活环境有着较大的影响。因此将垃圾处理厂置于地下，不仅是战略发展的需要，也是经济生活发展的趋势。

6.3 民防工程

6.3.1 基本概念

民防工程指国家或地区政府动用政府资金建设的公共国防和避难等工程，包括为保障战时人员与物资隐蔽、防空指挥、医疗救护而单独修建的地下防护建筑，以及结合地面建筑修建的战时可用于防空的地下室。第二次世界大战前，一些国家就已经各自陆续构筑了许多不同类别、用途和规模的民防工程，如人员隐蔽部、指挥所、通信枢纽、救护站、地下医院、各类物资仓库，以及地下疏散通道和连接通道等。有些国家的城市，还将民防工程和城市地下铁道、大楼地下室及地下停车场等市政建设工程相结合，组成一个完整的防护群体。

民防工程施工

6.3.2 产生原因

民防工程萌芽于第一次世界大战中，由于轰炸机的存在，对后方城市、工业区、交通枢纽的空袭成了敌对双方作战的常态，于是"要地防空"应运而生。英国最先组织了要地防空，在伦敦设立了一个独立的防空指挥部和防空部队，并建造防空洞，疏散居民，实行灯火管制，建立空袭警报等。而防空洞，也成了民防工程的"始祖"。

从第一次世界大战结束至第二次世界大战爆发前，欧洲许多国家相继建立"城市防空体系"。当时防毒室、掩蔽所遍布英国各个重要城市，极大地保卫了人们的生命安全。法国则大力构筑掩蔽所，仅巴黎就构筑了 2 万多个，可容纳 170 万多人，约占巴黎人口的 2/3。

冷战结束后，民防工程的地位不仅没有降低，反而随着高新武器装备在战争中的大量运用得到提高。

由于民防工程建设耗资巨大，所以各国普遍采取了"平战结合"的建设方针，使民防工程最大限度地发挥社会和经济效益。除少数专用的军事设施外，大多数国家的民防工程都是平战两用的，战时作为掩蔽所，平时为生产、生活服务。

自从 20 世纪 60 年代末，我国针对国际形势提出"深挖洞、广积粮、不称霸"的号召，各地掀起一场群众性的民防建设高潮。20 世纪 70 年代提出了为适应城市发展需要，地下空间开发要体现战备效益、社会效益、经济效益三者相结合的概念，民防工程走向全面开展、协调发展、注重质量、平战结合阶段。20 世纪 80 年代地下空间开发，仍以民防工程为主，大多为附建式地下建筑，建设位置趋向市中心与交通枢纽，在强调商业价值的同时，具有较强防护功能。20 世纪 90 年代城市民防工程平战结合转换成为地下空间开发最为关注的课题之一。

现今，我国一些城市的民防工程甚至已经成为城市地标性建筑工程，如北京地铁工程、哈尔滨奋斗路地下商业街、沈阳北新客站地下城、上海人民广场地下停车场、郑州火车站广场地下商场等。这些民防工程商业潜力的开发，不但增加了民防工程在和平时期的利用率，也为当地社会经济发展提供了硬件资源。

6.3.3 工程类型

民防工程按构筑方式分为明挖和暗挖工程；明挖工程按上部有无地面建筑又分为单建掘开式和附建式工程；暗挖工程可分为坑道式和地道式工程。如图 6.8 所示。

民防工程按防护特性分为甲类和乙类。

① 甲类民防工程：战时能抵御预定的核武器、常规武器和生化武器的袭击。

② 乙类民防工程：战时能抵御预定的常规武器和生化武器的袭击。

民防工程按战时使用功能分类。

① 指挥工程：保障民防指挥机关战时工作的民防工程（包括防空地下室）。

② 防空专业队工程：保障防空专业队掩蔽和执行某些勤务的民防工程（包括防空地下室），一般称防空专业队掩蔽所。

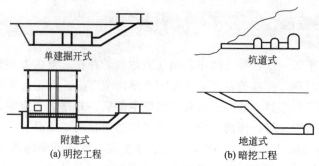

图 6.8　民防工程类型

③ 人员掩蔽工程：主要用于保障人员掩蔽的民防工程（包括防空地下室）。

④ 医疗救护工程：战时对伤员独立进行早期救治工作的民防工程（包括防空地下室）。

⑤ 配套工程：指战时的保障性民防工程，主要包括区域电站、区域供水站、食品站、警报站、民防物资库、民防汽车库、生产车间、民防交通干（支）道、核生化监测中心等工程。

6.3.4　发展规划

（1）城市民防规划与城市总体规划相统一

城市是防空的重点，建设防空工程应当在保证战时使用效能的前提下有利于平时的经济建设、群众的生产生活和工程的开发利用。因此需要把民防建设与城市建设一体化作为民防建设的重要指导思想，把民防建设纳入城市发展的总体规划。设计时，需进行抗毁伤及生存概率评估，以确定是否在这些地方修建民防工程，杜绝民防工程修建时的盲目性。

（2）防护功能与防灾功能相统一

现代城市的可持续发展需要开发地下空间，地下空间的使用倾向于便捷性，民防工程体系的形成宜通过开发地下空间的防灾功能来实现。不论是战争灾害还是自然灾害，其在破坏性与可防御性、突发性与延续性、伴生性与衍生性等方面具有相同特性。所以城市民防建设与防灾建设相结合会更有利于民防工程的发展。比如，地下医院可在发生重大灾难时协助救护伤员，地下仓库、地下商场可储备及供应救灾物资，地下发电厂平时可供城市停电时应急照明用，战时供民防工程使用。

6.4　地下综合管廊工程

6.4.1　类型与功能

地下综合管廊指建于城市地下用于容纳两类及以上城市工程管线的构筑物及附属设施。

地下综合管廊的断面形式有矩形、马蹄形、圆形、组合形（图6.9）。根据地下综合管廊所收容管线的不同，其性质及结构也有所不同，大致可分为干线综合管廊、支线综合管廊、缆线综合管廊（电缆沟）三种。

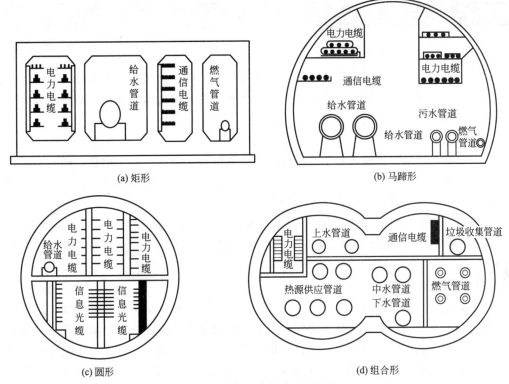

图6.9 地下综合管廊断面形式

（1）干线综合管廊主要收容的管线为电力、通信、给水、排水、燃气、热力等管线。干线综合管廊的断面通常为圆形或多格箱形，其特点主要如下。

① 具有高度安全性并能保证稳定的大容量运输。

② 内部结构紧凑。

③ 管理及运营比较简单。

④ 兼顾直接供给大型用户。

⑤ 一般需要专用设备。

（2）支线综合管廊主要是将各种供给从干线综合管廊分配、输送至各直接用户。其一般设置在道路两旁，收容直接服务的各种管线。支线综合管廊的断面通常为矩形，一般为单格或双格箱形结构，其特点主要如下。

① 结构简单、施工方便。

② 有效断面面积较小。

③ 设备多为常用定型设备。

④ 一般不直接服务大型用户。

（3）缆线综合管廊主要将市区架空的电力、通信、有线电视、道路照明等电缆收容至埋地的管道。缆线综合管廊一般设置在道路的人行道下面，其埋深较浅，一般在1.5m左右。缆线综合管廊的断面通常为矩形，一般不要求设置工作通道及照明、通风等设备，仅增设供维修时用的工作手孔。

6.4.2 设计要点

(1) 安全及耐久性设计

国家规范规定了地下综合管廊的结构安全等级为一级，结构中各类构件的安全等级宜与整个结构的安全等级相同。此外，还要根据气候条件、水文地质状况、结构特点、施工方法和使用条件等因素进行耐久性设计。

(2) 防渗止漏设计

当一定数量的地下水浸入地下综合管廊，会增加排水设施的启动次数，同时会增加地下综合管廊内空气的湿度，降低地下综合管廊内管线和监控设施的工作寿命。因此在地下综合管廊建设中应注意防水是否满足设计要求。

地下综合管廊的防渗止漏设计原则是"放、排、截、堵相结合，刚柔相济，因地制宜，综合治理"。地下综合管廊工程的防渗止漏方法为控制变形，设置沉降缝来减少相对沉降。

(3) 抗震设计

地下综合管廊是城市生命线工程。由于地下综合管廊中收容了城市供水、供气、电力、通信等多种管线，在地震等灾害的冲击下，其会出现大面积功能性障碍甚至会导致城市系统全面的功能瘫痪，因此，必须进行抗震设计。在抗震减灾设计方面，通过提高结构构造措施来保证地下综合管廊的抗震性能。地下综合管廊工程应按乙类建筑物进行抗震设计。

(4) 防火设计

地下综合管廊内可能引起火灾的主要因素是电力电缆的故障，其主结构体应按照耐火极限不低于3.0h的不燃性结构体进行防火控制。防火的关键还是以防为主，强化管理。

(5) 通风设计

为了将地下综合管廊内的高压电缆热量及有害气体及时排除，在管廊内每隔一定的距离设置排风口。其通风方式包括自然通风、自然通风辅以无风管的诱导式通风和机械通风。

6.4.3 发展方向

(1) 预制拼装及标准化、模块化

地下综合管廊预制拼装技术是国际综合管廊发展趋势之一，能大幅降低施工成本，提高施工质量，节约施工工期。地下综合管廊标准化、模块化是推广预制拼装技术的重要前提之一，标准化可以使预制拼装模板等设备的使用范围不局限于单一工程，从而降低摊销成本。

（2）地下综合管廊与地下空间建设相结合

地下综合管廊的建设不可避免会遇到各种类型的地下空间，实际工程中经常会发生地下综合管廊与已建或规划地下空间、轨道交通产生矛盾。因此应从前期规划入手，将地下综合管廊与地下空间建设统筹考虑，从而规避后期矛盾以及由此产生的风险与成本。

（3）地下综合管廊与"海绵城市"建设技术相结合

将地下综合管廊的设计与"海绵城市"建设技术相结合，既满足地下综合管廊的总体功能，又能提高排水防涝标准，提升城市应对洪涝灾害的能力。例如将雨水调蓄功能与地下综合管廊功能相结合，是工程设计中比较容易实现的一种模式。

（4）"BIM＋GIS"技术在地下综合管廊建设中的应用

BIM是以三维数字技术为基础，对工程项目信息进行模型化，提供数字化、可视化的工程方法，从方案到设计、建造、运营、维修、拆除的全生命周期，都需要BIM的参与。GIS是对整个或部分地球表层空间中的有关地理分布数据进行采集、储存、管理、运算、分析、显示和描述的技术系统。

"BIM＋GIS"两者之间信息正好互补，采用"BIM＋GIS"三维数字化技术，将地下管线、建筑物及周边环境的现状三维数字化建模，形成动态大数据平台，可有效管理地下综合管廊的周边环境、地质条件和管线等信息，从而指导地下综合管廊的设计、施工和后期的运营管理。

本章小结

地下商业建筑主要有地下街、地下商场、地下停车场等；地下工业建筑主要有地下水电站、地下核电站、地下垃圾处理厂等；地下工程还包括民防工程和地下综合管廊工程。

可持续发展开发地下空间，需要将地下商业建筑、工业建筑、民防工程以及地下综合管廊工程等综合统筹规划，大力运用三维数字化等新技术，进行全生命周期系统管理。

思考题

1. 什么是地下工程？其主要工程形式有哪些？
2. 结合身边实际生活，列举你到过的几个地下工程实例。
3. 简述地下街与地下商场的联系与区别。
4. 民防工程与普通地下建筑有何不同？
5. 简述地下综合管廊建设的意义。
6. 结合绿色建筑和可持续发展的理念，思考开发地下空间的必要性。

阅读材料　　　　世界著名地下工程

白鹤滩水电站（图 6.10）是目前世界最大的地下厂房，位于四川省凉山州宁南县和云南省昭通市巧家县境内，是金沙江下游干流河段梯级开发的第二个梯级电站，以发电为主，兼有防洪、拦沙、改善下游航运条件和发展库区通航等功能。

水库正常蓄水位 825m，相应库容 206 亿立方米。白鹤滩水电站总装机容量 1.6×10^7 kW，其左右岸地下厂房分别布置有 8 台具有完全自主知识产权的单机容量 10^6 kW 水轮发电机组，单机容量居世界第一。其中，左岸地下厂房总长 458m，右岸地下厂房总长 453m，两岸厂房吊车梁以上开挖宽度 34m，吊车梁以下开挖宽度 31m，总开挖高度 88.7m，是目前世界最大的地下厂房。

2013 年电站主体工程正式开工，2021 年 6 月 28 日首批机组发电，同年 8 月白鹤滩水电站 7 号机组顺利通过 72h 试运行，正式投入商业运行。白鹤滩水电站建成后，仅次于三峡水电站，成为我国第二大水电站，也是世界第二大水电站，能够满足约 7500 万人一年的生活用电需求，可替代标准煤约 1968 万吨，减排二氧化碳约 5200 万吨。

2022 年 12 月 20 日，白鹤滩水电站 16 台百万千瓦水轮发电机组全部投产发电，标志着我国长江上全面建成世界最大清洁能源走廊。

蒙特利尔市是加拿大的第二大城市，因 1967 年世博会和 1976 年奥运会而举世闻名。蒙特利尔今天同样以世界上独具一格的城市中心区的地下城而闻名于世。蒙特利尔地下城（图 6.11）被称作世界上最大、最繁华的地下"大都会"，长达 17km，建筑面积 9.1×10^5 m^2。地下城连接 10 个地铁车站、2000 个商店、200 家饭店、40 家银行、34 家电影院、2 所大学、2 个火车站和 1 个长途车站。实际上，10 个地铁车站和这两条地铁线与 30km 的地下通道、室内公共广场、大型商业中心相连接。为了避免地面上的恶劣天气，每天有 50 万人进入到相互连接的大厦中，也就是进入到超过 3.60×10^6 m^2 空间中，其中包括了占全部办公区域 80% 和相当于城市商业区总面积 35% 的商业空间。地下城里灯火辉煌，如同白昼。初入地下城的人并不觉得自己是在五六米乃至十多米深的地下。地下城所有的长廊里摆有各种花草树木，利用电灯光促其生长，所以尽管地面上大雪纷飞，地下城的花照样开，树照样长，一片生机勃勃。

图 6.10　白鹤滩水电站

图 6.11　蒙特利尔地下城

蒙特利尔的地下城与地铁相贯通。地铁全线长 72km，有 80 多个车站。蒙特利尔的地铁车站被人们称为艺术长廊，凡乘坐过地铁的人，无不赞美它的整洁、绚丽多姿和安全。蒙特利尔的地下城和地铁浑然一体、别具一格，已成为旅游者的必访之地。

第7章
水利水电工程

 教学目标

本章主要讲述水利、水电和防洪工程的分类、组成及其作用。通过本章学习,应达到以下目标。

(1) 了解水利、水电工程的分类。
(2) 熟悉水利、水电和防洪工程的工程建筑及其功能。
(3) 了解水利、水电和防洪工程之间的联系与区别。

 教学要求

知识要点	能力要求	相关知识
水利工程	(1) 了解我国的水利资源与水利工程 (2) 熟悉水利工程的种类 (3) 熟悉水利工程的组成与作用	(1) 水利工程对经济与环境的影响 (2) 水库及水利枢纽的作用
水电工程	(1) 了解水电工程与水电建筑物 (2) 熟悉水电建筑物的种类	水电站的种类及其特点
防洪工程	(1) 了解防洪工程的功能与作用 (2) 熟悉防洪工程设施	水利、水电和防洪工程的联系与区别

 引例　　　　　　　　　都江堰的神奇之处

都江堰水利工程(图 7.1)是全世界年代最久、唯一留存、以无坝引水为特征的宏大水利工程。这项工程主要由鱼嘴分水堤、飞沙堰溢洪道、宝瓶口进水口三大部分和百丈堤、人字堤等附属工程构成,科学地解决了江水自动分流(鱼嘴分水堤四六分水)、自动排沙(鱼嘴分水堤二八分沙)、控制进水流量(宝瓶口进水口与飞沙堰溢洪道)等问题,消除了水患,使成都平原成为"天府之国"。

图 7.1　都江堰水利工程

水资源和空气、阳光一样，是人类生存和社会发展不可缺少的宝贵资源之一。据统计，我国大小河流总长度约为 42 万千米，流域面积在 1000km² 以上的河流有 1600 多条，大小湖泊 2000 多个，年平均径流量总计约为 2.78 万亿立方米，居世界第六位。水力资源的蕴藏量为 6.8 亿千瓦，是世界上水力资源最丰富的国家之一。但如此富有的水力资源在时间分配上和地区分布上都是很不均匀的。绝大部分径流量发生在短暂的汛期，甚至有些河流在冬季干枯，并且大部分径流量分布在我国的东南沿海各省，西北地区干旱缺水。解决水资源在时间上和空间上的分配不均匀以及来水和用水不相适应的矛盾，最根本的措施就是兴建水利水电工程。水利工程是指通过改变水文地质条件或利用水力学原理进行水资源的调控、利用和管理的工程，主要包括供水、灌溉、发电、航运和防洪等工程。例如我国古代的都江堰工程、现代的三峡工程等。

水利水电工程的根本任务是除水害、兴水利，前者主要是防止洪水泛滥和洪涝成灾，后者则是从多方面利用水资源为民造福，包括灌溉、供水、排水、航运、养殖、旅游、改善环境等。

7.1　水利工程

7.1.1　水库

大江大河围堰截流修筑大坝施工

水库是用坝、堤、水闸、堰等在山谷、河道或低洼地区形成的人工水域。

我国水库的规模按库容大小划分：10 亿立方米以上为大（一）型，1 亿～10 亿立方米为大（二）型，0.1 亿～1 亿立方米为中型，100 万～1000 万立方米为小（一）型，10 万～100 万立方米为小（二）型。

1949 年后，我国建设了一大批水库。新安江水库位于新安江中下游，建于 1960 年，集雨面积 10442km²，总库容 220 亿立方米，正常水位 108m，相应库容 178.6 亿立方米，承担调节新安江洪水与兰江洪水错峰的任务。龙羊峡水库坝高 178m，总库容 274.2 亿立方米，是黄河干流上最大的多年调节型水库。丹江口枢纽是根治汉江洪灾的关键工程，水库以上流域面积95200km²，约占汉江水域面积的60%，多年平均来水量为390亿立方米，约占汉水来水量的75%，水库正常蓄水位157m，总库容290亿立方米，防洪库容56亿~78亿立方米。图7.2所示为三峡水库。

图7.2 三峡水库

（1）水库的作用

水库的作用有防洪、水力发电、灌溉、航运、城镇供水、养殖、旅游、改善环境等。

（2）水库的组成

水库一般由拦水坝、取水和输水及泄水建筑物等组成。

（3）水库对环境的影响

水库建成后，尤其是大型水库的建成，将使水库周围的环境发生变化，这是在建设水库时所必须考虑的方面。水库主要影响库区和下游，其表现如下。

① 对库区的影响。淹没：库区水位抬高，淹没农田、房屋，须进行移民安置。水库淤积：库内水流流速减低，造成泥沙淤积、库容减少，影响水库的使用年限。水温的变化：因为蓄水使温度降低。水质变化：一般水库都有使水质改善的效果，但是应防止库水受盐分等的污染。气象变化：降雾频率增加，雨量增加，湿度增大。诱发地震：在地震区修建水库时，当坝高超过100m，库容大于10亿立方米的水库，较易发生水库地震。

② 对水库下游的影响。河道冲刷：水库淤积后的清水下泄时，会对下游河床造成冲刷，因水流流势变化会使河床发生演变以致影响河岸稳定。河道水量变化：水库蓄水后下游水量减少，甚至干枯。河道水温变化：由于下游水量减少，水温一般要升高。

（4）水库库址选择

水库库址选择的关键是坝址的选择，应充分利用天然地形。河谷尽可能狭窄，库内平坦广阔，但上游两岸山坡不宜太陡或过分平缓，太陡容易滑坡，水土流失严重。要有足够的积雨面积，要有较好的开挖泄水建筑物的天然位址。要尽量靠近灌区，水库地势要比灌区高，以便形成自流灌溉，节省投资。

（5）水库库容

水库库容主要根据河流（来水情况）水文情况及国民经济各需水部门需水量之间的平衡关系来确定。

7.1.2 水利枢纽

为了综合利用水利资源，使其为国民经济各部门服务，充分达到防洪、灌溉、发电、供水、航运、旅游等目的，必须修建各种水工建筑物以控制和支配水流；这些建筑物相互配合，构成一个有机的综合体，这就称为"水利枢纽"。图 7.3 所示为葛洲坝水利枢纽。

图 7.3　葛洲坝水利枢纽

水利枢纽根据其综合利用的情况，可以分为下列三大类。

① 防洪发电水利枢纽：蓄水坝、溢洪道、水电站厂房。
② 灌溉航运水利枢纽：蓄水坝、溢洪道、进水闸、输水道、船闸。
③ 防洪灌溉发电航运水利枢纽：蓄水坝、溢洪道、水电站厂房、进水闸、输水道（渠）、船闸。

7.2　水电工程

7.2.1 水电站

水电站根据其集中水头的方式可分为堤坝式水电站、引水式水电站和混合式水电站。堤坝式又分坝后式和河床式；引水式又分无压引水式和有压引水式。就其建筑物的组成和形式来说，坝后式中的河岸式、混合式与有压引水式是相同的。因此本书把水电站归为坝后式、河床式、无压引水式和有压引水式这四种典型形式来介绍。

（1）坝后式水电站

坝后式水电站的特点是水力发电站的厂房紧靠挡水大坝下游，发电引水压力钢管通过坝体进入水电站厂房内的水轮机室。因此厂房结构不受水头所限，水头取决于坝高。这种形式的厂房比较普遍，例如黄河上的刘家峡水电站（图 7.4）和三门峡水电站及三峡水利枢纽厂房。

（2）河床式水电站

河床式水电站的组成建筑物与坝后式类似，但水电站厂房和坝并非建造在河床中，厂房本身承受上游水压力而成为挡水建筑物的一部分，进水口后边的引水道很短。河床式水电站一般建造在河流的中、下游。由于受地形限制，只能建造低坝，水电站的水头低，引用的流量大，所以厂房尺寸也大，足以靠自身重量来抵抗上游水压力以维持稳定。我国浙江省的新安江水电站以及富春江水电站（图7.5）都是河床式水电站。

图7.4　刘家峡水电站　　　　　　　图7.5　富春江水电站

（3）无压引水式水电站

无压引水式水电站的特点是具有很长的无压引水道。枢纽建筑物一般分为三个组成部分。一是渠首工程，由拦河坝、进水口及沉沙池等建筑物组成。二是引水建筑物，如渠道或无压隧洞，首部与渠首工程的进水口相连，尾部与压力前池相连。引水道较长时，中间还往往有渡槽、涵洞、倒虹吸、桥梁等交叉建筑物。三是厂区枢纽，由日调节池、压力前池、泄水道、高压管道、电站厂房、尾水渠及变电、配电建筑物等组成。

（4）有压引水式水电站

有压引水式水电站的特点是具有较长的有压引水道，一般多用隧洞。引水道末端设调压室，下接压力水管和厂房。枢纽建筑物的组成部分也可分为三个部分：一是首部枢纽；二是引水建筑物；三是厂区枢纽。

还有一种是抽水蓄能水电站，将在后续阅读材料中论述。

河北大山中：张河湾上水库

7.2.2　水电建筑物

（1）挡水建筑物

挡水建筑物主要作用是拦截水流，形成水库。挡水建筑物主要有拦河坝、拦河闸等，拦河坝有重力坝（图7.6）、拱坝（图7.7）、土石坝和支墩坝等坝型。坝型应根据坝址的地质、地形、水文、建筑材料、施工场地、工期、造价等综合比较选定。

（2）泄水建筑物

泄水建筑物是指为排泄水库、河道、渠道、涝区超过调蓄或承受能力的洪水或涝水，以及为泄放水库、渠道内的存水以利于安全防护或检查维修的水工建筑物。

图 7.6　重力坝

图 7.7　拱坝

常用的泄水建筑物如下。

① 低水头水利枢纽的滚水坝、拦河闸和冲沙闸。

② 高水头水利枢纽的溢流坝、溢洪道、泄水孔、泄水涵管、泄水隧洞。

③ 由河道分泄洪水的分洪闸、溢洪堤。

④ 由渠道分泄入渠洪水或多余水量的泄水闸、退水闸。

⑤ 由涝区排泄涝水的排水闸、排水泵站。

（3）进水建筑物

进水建筑物称进水口或取水口，是将水引入引水道的进口。对进水建筑物的要求如下。

① 足够流量。根据设计保证率，合理确定上游最低取水位，特别是生活用水，即使水库水位降到更低也能部分取水。

② 水质要符合要求。发电要求水中不能有泥沙、污物等，因此常设有拦污栅、冲水闸等设施。生活用水应符合国家水质标准。

③ 水头损失小。进口水流要平顺、流速小，以减少水头损失。

④ 引水流量可控。设置闸门以满足用水量的变化，以及事故检修等情况。

（4）引水建筑物

引水建筑物是用来把水库的水引入水轮机。根据水电站地形、地质、水文气象等条件和水电站类型的不同，可以采用明渠、隧洞、管道。有时引水道中还包括沉沙池、渡槽、涵洞、倒虹吸管和桥梁等交叉建筑物及将水流自水轮机泄向下游的尾水建筑物。

（5）平水建筑物

当水电站负荷变化时，用平水建筑物来平衡引水建筑物（引水道或尾水道）中的压力和流速的变化，如有压引水道中的调压室及无压引水道中的压力前池等。

（6）发电、变电和配电建筑物

发电、变电和配电建筑物包括安装水轮发电机组及其控制设备的厂房，安装变压器的变压器场和安装高压开关的开关站。它们集中在一起，常称为厂房枢纽。

7.3　防洪工程

洪水是由暴雨、急骤融冰化雪、风暴潮等自然因素引起的江河湖海水量迅速增加或水位迅猛上涨的水流现象，常造成江河沿岸、冲积平原和河口三角洲与海岸地带的淹没。洪水的大小或淹没的范围与时间既有一定的规律性，同时又具有不确定性和偶然性。防洪工程是预防控制、防御洪水以减免洪灾损失而修建的工程，是人类与洪水灾害斗争的基本策略。良好的防洪工程能保障灾区人民生命财产的安全，促进工农业生产的发展，取得生态环境和社会经济的良性循环。洪水灾害是中国最常遇到的自然灾害之一。

防洪工程就其功能和修建的目的而言，分为拦阻、分流、泄排和蓄滞洪水四个方面。其形式为堤防工程、河道整治工程、分洪工程和水库防洪等。

堤防工程是沿河、渠、湖、海岸边或行洪区、分洪区（蓄洪区）、围垦区边缘修筑的挡水堤坝。其作用为：防御洪水泛滥，保护居民、田庐和各种建设；限制分洪区（蓄洪区）、行洪区的淹没范围；围垦洪泛区或海滩，增加土地开发利用的面积；抵挡风浪或抗御海潮；约束河道水流，控制流势，加大流速，以利于泄洪排沙。堤坝常见形式有土堤、石堤、防洪墙和橡胶坝。

河道整治工程是按照河道演变规律，因势利导，调整、稳定河道主流位置，改善水流、泥沙运动和河床冲淤部位，以适应防洪、航运、供水、排水等国民经济建设要求的工程措施。河道整治包括控制和调整河势，裁弯取直，河道展宽和疏浚等。

分洪工程是利用洪泛区修建分洪闸，分泄河道部分洪水，将超过下游河道泄洪能力的洪水通过泄洪闸泄入滞洪区或通过分洪道泄入下游河道或其他相邻河道，以减轻下游河道的洪水负担。滞洪区多为低洼地带、湖泊、人工预留滞洪区、废弃河道等。当洪水水位达到堤防防洪限制水位时，打开泄洪闸，洪水进入滞洪区，待洪峰过后适当时间，滞洪区洪水再经泄洪闸进入原河道。图7.8为荆江分洪工程。分洪工程一般由进洪设施与分洪道、蓄滞洪区、避洪措施、泄洪排水设施等部分组成。

图 7.8　荆江分洪工程

水库防洪是利用水库的防洪库容调蓄洪水，以减免下游洪灾损失。水库防洪一般用于拦蓄洪峰或错峰，常与堤防、分洪工程等配合组成防洪系统，通过统一的防洪调度共同承担其防洪任务。

本章小结

水利水电工程是指对自然界的地表水和地下水进行控制和调配，以达到除害兴利目的而修建的工程。水利水电工程的根本任务是除水害、兴水利，既能防止洪水泛滥和洪涝成灾，又能从多方面利用水资源为人类造福。多年的生产和生活实践经验也证明，解决水资源在时间上和空间上的分配不均匀以及来水和用水不相适应的矛盾，最根本的措施就是兴建水利水电和防洪工程。

思考题

1. 什么是水利水电工程？为什么要修建水利水电工程？
2. 水库会对周围环境造成什么样的影响？
3. 水电站的典型形式有哪些？请简单介绍它们的特点。
4. 简述防洪工程的功能与作用。

阅读材料　　　　　　　　　　山顶上的水库

亚洲最大的山顶水库，建在海拔近千米高的大山之上

抽水蓄能水电站是利用电力负荷低谷时的电能抽水至山顶上的水库（图7.9），在电力负荷高峰期再放水至山底下水库发电的水电站，又称蓄能式水电站。这种水电站可将电网负荷低时的多余电能，转变为电网高峰时期的高价值电能，还适于调频、调相，稳定电力系统的周波和电压，且宜为事故备用，还可提高系统中火电站和核电站的效率。实际上，抽水蓄能电站就是国家巨型的"充电宝"，不仅兼具环保性与经济性，还能有效提升电力系统的安全性与稳定性。

我国抽水蓄能水电站的建设起步较晚，但由于后发效应，起点却较高，目前建成的大型抽水蓄能电站技术已处于世界先进水平。

(a)

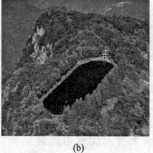
(b)

(c)

图 7.9　山顶上的水库

第8章
给水排水工程与暖通工程

教学目标

本章主要讲述现给水排水工程、供气取暖工程以及通风与空调工程的分类与组成。通过本章学习，应达到以下目标。

(1) 熟悉给水排水工程的分类及其系统组成。
(2) 了解不同给水排水系统的特点及其应用。
(3) 了解不同采暖方式、常用采暖系统的特点及其应用。
(4) 了解通风与空气调节工程的分类及系统组成。

教学要求

知识要点	能力要求	相关知识
给水排水工程	(1) 了解城市污水分类 (2) 掌握城市给水排水系统的分类与组成 (3) 掌握建筑给水排水系统的分类与组成	(1) 污水分类 (2) 不同给水排水系统的应用范围
采暖工程	(1) 掌握采暖方式 (2) 掌握常用采暖系统的特点及其应用 (3) 了解采暖系统设备	(1) 常用采暖系统的应用范围 (2) 采暖系统的设备
通风与空气调节工程	(1) 掌握通风系统的分类 (2) 了解空气调节系统的组成	(1) 自然通风与机械通风 (2) 空气调节系统的分类

 引例　　　　　　　　**我国最早的城市排水系统**

平粮台古城遗址中的陶质排水管道等遗存与纵横连通的沟渠和城壕，是我国发现的年代最早、最为完备的城市排水系统（图8.1）。该遗址是距今4300年至3900年的龙山时代古城，面积约5万平方米。

遗址平面方正规整、内部中轴对称，在城市发展史上具有里程碑意义。城门及城内发现的多处陶质水管排水设施，为研究早期城市的水资源管理系统发展提供了重要线索。

图 8.1　平粮台古城遗址中的陶质排水管道

平粮台古城的排水系统涵盖城内居址日常排水、城墙排涝和城门通道排水。其中，遗址南城门出土了三组陶质排水管道，呈倒"品"字形排列，两端有高差，可向城外排水。在南城门东侧的城墙内，也发现了两组陶排水管道。这两组陶水管均纵向穿过城墙，为不同时期所使用。每组排水管道皆有一定坡度，城内高于城外。城内连通有进水沟或洼地，城外通过沟渠排向外侧壕沟。这些精妙的排水系统，展现了远古时期我国城市的发展历程。

给水排水工程和暖通工程是土木工程的一个重要分支，是人类文明发展的产物，体现了人类生存空间和居住环境的改善。给水排水工程是用于需水供给、废水排放和水质改善的工程，是城市基础建设的重要组成部分，主要可分为城市给水排水工程和建筑给水排水工程。暖通工程是用人工方法向室内供给热量以创造适宜生活条件或工作条件的技术工程。供暖系统由热源、热媒输送、散热设备三个主要部分组成。按采用热媒方式不同可将供暖系统分为热水供暖系统、蒸汽供暖系统、热风供暖系统。

8.1　给水排水工程

给水排水工程包括城市和建筑给水排水工程两部分，前者解决城市区域的水问题，后者解决一栋建筑物的水问题。

8.1.1　城市给水排水工程

1. 城市给水工程

1）城市给水系统的组成

城市给水主要是供应城市所需的生活、生产、市政（如绿化、街道洒水）和消防用水。城市给水系统一般由取水工程、输水工程、水处理工程和配水管网工程组成（以下介绍前三者）。一个城市完备的给水排水系统示意如图 8.2 所示。

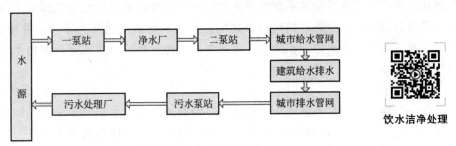

图 8.2 城市给水排水系统示意图

（1）取水工程

取水工程包括管井、取水设备、取水构筑物等，是城市给水的关键，不论地下水源还是地表水源均应取得当地卫生部门的论证及认可。

（2）输水工程

输水管网是城市给水系统中造价最高的部分，一般占到整个系统造价的 50%～80%，因此在设计和规划城市的输水管网时必须进行多种方案的比较。管网的布局、管材的选用和主要输水管道的走向等，都会影响工程的造价。另外，在设计中还应考虑运行费用，进行全面比较和综合分析。

输水管网包括输水管、配水管网、明渠，主要作用是将水从水源送至用户。

（3）水处理工程

水处理工程是通过水处理工艺，除去水中的杂质，保证给水水质符合相关标准。目前我国大部分净水厂采用的常规处理工艺为混合、絮凝、沉淀、过滤和消毒，并根据原水的水质条件和供水的水质要求，采取预处理或深度处理，以补充常规处理的不足。

2）城市给水系统类型

一座城市的历史、现状、发展规划、地形、水源状况和用水要求等因素，都会使城市给水系统千差万别，其主要有下列几种。

（1）统一给水系统

当城市给水系统的水质，均按生活用水标准统一供应各类建筑作生活、生产、消防用水，则称此类给水系统为统一给水系统。

（2）分质给水系统

当一座城市的用水，因生产性质对水质要求不同，特别对用水大户，其对水质的要求低于生活用水标准，则适宜采用分质给水系统。这种给水系统因分质给水而节省了净水运行费用，但需设置两套净水设施和管网，管理工作复杂。选用这种给水系统应进行技术、经济分析和比较。

（3）分压给水系统

当城市用水户要求水压差别很大时，如果按统一供水，压力没有差别，必定会造成高压用户压力不足而增加局部增压设备。这种分散增压不但增加了管理工作量，而且能耗也大。

（4）分区给水系统

分区给水系统是将整个系统分成几个区，各区之间采取适当的联系，而每区有单独的泵站和管网。采用分区给水系统是使管网的水压不超过水管能承受的压力。因一次加压往往使管网前端的压力过高，但经过分区后，各区水管承受的压力下降，并使漏水量减少。分区给水能降低供水费用。在给水区范围很大、地形高差显著或远距离输水时，均应考虑分区给水系统。

（5）中水系统

将各类建筑或建筑小区使用后的排水，经处理达到中水水质要求后，回用于厕所便器冲洗、绿化、洗车、清扫等各种杂用水点的一整套工程设施称为中水系统。

中水系统可实现污水、废水资源化，使污水、废水经处理后可以回用，既节省了水资源，又使污水无害化。其在保护环境，防治水污染，缓解水资源不足等方面起到了重要作用。高层建筑用水量一般均较大，设置中水系统具有很大的现实意义。

污水排放处理

2. 城市排水工程

1）污水的分类

污水按来源的不同可分为生活污水、工业废水和降水三类。

（1）生活污水

生活污水是指人们日常生活中用过的水，包括从厕所、浴室、盥洗室、厨房、食堂和洗衣房等处排出的水。

生活污水属于污染的废水，含有较多的有机物，如蛋白质、动植物脂肪、碳水化合物、尿素等，还含有肥皂和合成洗涤剂及常在粪便中出现的病原微生物。这类污水需要经过处理后才能排入水体、灌溉农田或再利用。

（2）工业废水

工业废水是指在工业生产中所排出的废水，主要来自车间或矿场。由于各种工厂的生产类别、工艺过程、使用的原材料以及用水成分的不同，水质变化很大。

工业废水按污染程度的不同可分为生产废水和生产污水两类。

生产废水是指在使用过程中受到轻度污染或水温稍有增高的水（如机器冷却水），通常经某些处理后即可在生产中重复使用，或直接排入水体。

生产污水是指在使用过程中受到过较严重污染的水。这类水多半具有一定的危害性，所以必须经过处理后才能排放或重新使用。生产污水中的有害或有毒物质往往是工业中的宝贵原材料，对这种污水应尽量回收利用。

（3）降水

降水即大气降水，包括液态降水（如雨、露）和固态降水（如雪、冰雹、霜等）。液态降水主要就是指降雨。降雨一般比较清洁，降雨量较大时，形成的径流量较大，若不及时排泄，则会使居住区、工厂、仓库等遭受淹没，交通受阻，积水为害，山区的山洪水危害更甚。暴雨危害最严重，是排水的主要对象之一。冲洗街道和消防用水等，由于其性质和雨水相似，也并入雨水。雨水不需处理，可直接就近排入水体。

2）城市排水系统的组成

城市排水系统主要组成如下。

（1）排水管渠系统

排水管渠系统由管道、渠道和附属构筑物（检查井、雨水井、污水泵站和倒虹吸管组成。管渠系统布满整个排水区域，但形成系统的构筑物种类不多，主体是管道和渠道，管道之间由附属构筑物连接。有时还需设置泵站以连接低管段和高管段，最后是出水口。排水管道应根据城市规划地势情况以长度最短顺坡布置，可采用截流、扇形、分区、分散形式布置。雨水管道应就近排入水体。

（2）污水处理厂

城市污水在排放前一般都先进入污水处理厂处理。污水处理厂由处理构筑物（主要是池式构筑物）和附设建筑物（道路、照明、给水、排水、供电、通信系统和绿化场地）等组成。处理构筑物之间用管道或明渠连接。污水处理厂的复杂程度依处理要求和水量而定。

3）城市排水体制

（1）合流制排水系统

合流制排水系统包括简单合流系统和截流式合流系统两类。

① 简单合流系统。简单合流系统就是一个排水区只有一组排水管渠接纳污水。这是古老的自然形成的排水方式。简单合流系统起简单的排水作用，避免积水危害。这种系统实际上是若干先后建造的各自独立的小系统的简单组合，主要为雨水而设，顺便排除少量的生活污水和工业废水。

② 截流式合流系统。简单合流系统常用于水体受到污染，因而设置截流管渠，把各小系统排放口处的污水汇集到污水处理厂进行处理，这就形成截流式合流系统。在合流管渠与截流管渠相交处设置溢流井，当上游来水量大于节流管的排水量时，在井中溢入排放管，流向水体，晴天时使污水得到全部处理。

（2）分流制排水系统

分流制排水系统就是设置两个或两个以上各自独立的管渠系统，分别收集需要处理和不予处理、直接排放到水体的雨水，形成分流体制，以进一步减轻水体的污染。当工厂或仓库场地难以避免污染时，其雨水径流与地面冲洗污水不应排入雨水管渠，而应排入污水管渠。一般情况下，分流管渠系统造价高于合流管渠系统，后者为前者的 60%～80%。

（3）半分流制排水系统

将分流制系统的雨水系统仿照截流式合流系统，把其小流量截流到污水系统，则城市废水对水体的污染将降到最低程度，这就是半截流制排水系统的基本概念，实质是一种不完全分流系统。

排水体制是排水系统规划设计的关键，也影响着环境保护、投资、维护管理等各方面，因此在选择时，需依具体技术经济情况而定。

8.1.2 建筑给水排水工程

1. 建筑给水工程

1）建筑给水系统的组成及分类

建筑给水系统的任务就是经济合理地将水由城市给水管网（或自备水源）输送到建筑物内部的各种卫生器具、用水龙头、生产装置和消防设备，并满足各用水点对水质、水量、水压的要求。

(1) 建筑给水系统的组成

建筑给水系统一般由以下部分组成。

① 引入管：穿越建筑物承重墙或基础的管道，是室外给水管网与室内给水管网之间的联络管段，也称进户管或入户管。

② 水表节点：安装在引入管上的水表及其前后设置的阀门和泄水装置的总称。

③ 给水管网：建筑内水平干管、立管和横支管等。

④ 配水装置与附件：配水龙头、消火栓、喷头与各类阀门（控制阀、减压阀、单向阀等）。

⑤ 增压和储水设备：当室外给水管网的水量、水压不能满足建筑用水要求，或建筑内对供水可靠性、水压稳定性有较高要求时，需要设置各种附属设备，如水箱、水泵、气压给水装置、变频调速给水装置、水池等增压和储水设备。

⑥ 给水局部处理设施：当有些建筑对给水水质要求很高、超出我国现行生活饮用水卫生标准或其他原因造成水质不能满足要求时，就需要设置一些设备、构筑物对给水进行深度处理，如二次净化处理。

(2) 建筑给水系统的分类

建筑给水系统按用途一般分为生活给水系统、生产给水系统和消防给水系统三类。

① 生活给水系统：专供人们生活用水，水质应符合国家规定的饮用水水质标准。

② 生产给水系统：专供生产用水，包括冷却用水、原料和产品的洗涤、锅炉的软化给水及某些工业原料的用水等。水质按生产性质和要求而定。

③ 消防给水系统：专供消火栓和其他消防装置用水。

在一栋建筑内，可以单独设置以上三种给水系统，也可以按水质、水压、水量和安全方面的需要，结合室外给水系统的情况，组成不同的共用给水系统。

2) 室内给水方式

室内给水方式是根据建筑物的性质、高度、配水点的布置情况以及室内所需水压、室外管网水压和水量等因素而决定的。常用的室内给水方式有如下几种。

(1) 直接给水方式

这种给水方式适用于室外管网水量和水压充足，能够全天保证室内用水要求的地区，如图 8.3 所示。

(2) 设水箱的给水方式

这种给水方式适用于室外管网水压周期性不足，一般是一天内大部分时间能满足要求，只在用水高峰时刻，由于用水量增加，室外管网水压降低而不能保证建筑的上层用水，并且允许设置水箱的建筑物，如图 8.4 所示。

(3) 设水泵的给水方式

这种给水方式适用于室外管网水压经常性不足的生产车间、住宅或者居住小区集中加压供水系统。当室外管网压力不能满足室内管网所需压力时，利用水泵进行加压后向室内给水系统供水；当建筑物内用水量较均匀时，可采用恒速水泵供水；当建筑物内用水不均匀时，可采用自动变频调速水泵供水，以提高水泵的运行效率，达到节能的目的，如图 8.5 所示。

(4) 设水池、水泵和水箱的给水方式

这种给水方式适用于当室外给水管网水压经常性或周期性不足，又不允许水泵直接从室外管网吸水，并且室内用水不均匀。其利用水泵从水池吸水，经加压后送到高位水箱或直接送给系统用户使用。当水泵供水量大于系统用水量时，多余的水充入水箱储存；当水泵供水量小于系统用水量时，则由水箱出水，向系统补充供水，以满足室内用水要求，如图 8.6 所示。

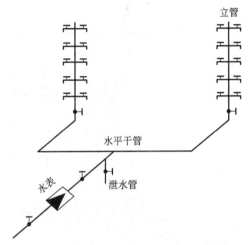

图 8.3　直接给水方式

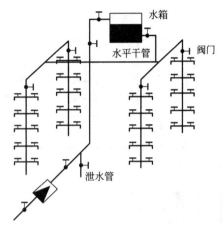

图 8.4　设水箱的给水方式

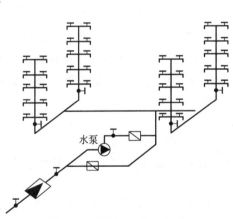

图 8.5　设水泵的给水方式

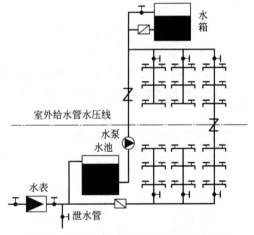

图 8.6　设水池、水泵和水箱的给水方式

(5) 设气压给水装置的给水方式

这种给水方式适用于室外管网水压经常性不足，不宜设置高位水箱或水塔的建筑（如隐蔽的国防工程、地震区建筑、建筑艺术要求较高的建筑等），但对压力要求稳定的用户不适宜，如图 8.7 所示。

2. 建筑排水工程

1) 建筑排水系统的组成及分类

（1）建筑排水系统的组成

建筑排水系统的基本要求是迅速通畅地排除建筑内部的污水、废水，并能有效防止排水管道中的有毒有害气体进入室内。建筑排水系统（图 8.8）主要由以下部分组成。

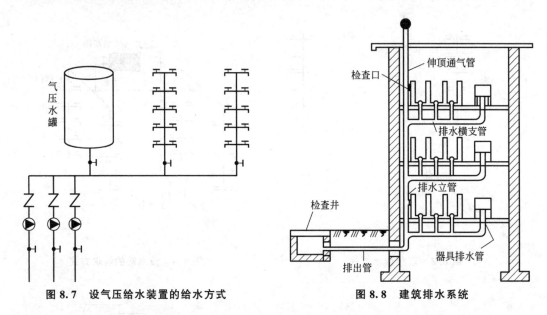

图 8.7　设气压给水装置的给水方式　　　　图 8.8　建筑排水系统

① 污水和废水收集器具：是排水系统的起点，通常是用水器具，包括卫生器具、生产设备上的受水器等。例如脸盆是卫生器具，同时也是排水系统的污水和废水收集器。

② 水封装置：设置在污水和废水收集器具的排水口下方处，或器具本身构造设置有水封装置。其作用是阻挡排水管道中的臭气和其他有害、易燃气体及虫类进入室内造成危害。

安设在器具排水口下方的水封装置是管式存水弯，一般有 S 形和 P 形，如图 8.9 所示。水封高度一般为 50~100mm。水封底部应设清通口，以利于清通。

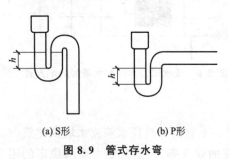

(a) S形　　(b) P形

图 8.9　管式存水弯

③ 排水管道。排水管道的种类及相关部件如下。

器具排水管：连接卫生器具与后续管道排水横支管的短管。

排水横支管：汇集各器具排水管的来水，并作水平方向输送至排水立管的管道。排水管应有一定坡度。

排水立管：收集各排水横管、支管的来水，并从垂直方向将水排泄至排出管。

排出管：收集排水立管的污水、废水，并从水平方向排至室外污水检查井的管段。

通气管：设置排气管的目的是能向排水管内补充空气，使水流畅通，减少排水管内的气压变化幅度，防止卫生器具水封被破坏，并能将管内臭气排到大气中去。

清通部件：为疏通排水管道，在室内排水系统中，一般均需设置检查口、清扫口和检查井三种清通部件，如图 8.10 所示。

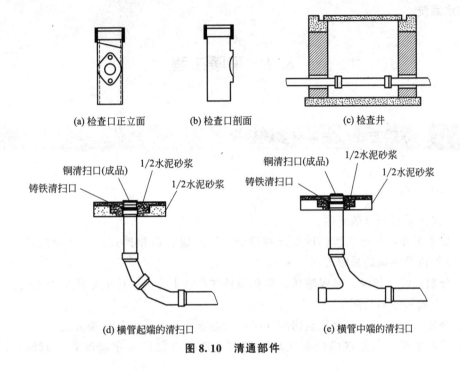

图 8.10　清通部件

（2）建筑排水系统的分类

建筑排水系统是将人们在日常生活或生产中使用过的水及时收集、顺畅输送并排出建筑物的系统。根据排水的来源和水受污染情况不同，一般可分为三类。

① 生活排水系统。生活排水系统是指排出民用住宅建筑、公共建筑以及企业生活间的生活污水、废水。

② 工业废水排水系统。一般称受污染严重的工业废水为生产污水，生产污水必须经过相关的处理后才能排出厂外；生产废水是受污染较轻的水，如工业冷却水，可回收利用；一般工业废水排水系统可分为生产污水排水系统和生产废水排水系统。

③ 雨水排水系统。雨水排水系统主要排除屋面雨水、雪水。雨水、雪水较清洁，可以直接排入水体或城市雨水系统。

2）污水排放条件

建筑排水的出路有两条：一是排入水体，即江、河、湖、海中；二是排入市政排水管道中。建筑排水是经使用后受污染的水，水中含有不同的污染物，若直接向市政管道排放，会影响下游排水管道的功能和污水处理的难度；若直接排向天然河流湖泊，会破坏自然环境，造成各种不利影响。因此，各种污水的排放，都必须达到国家规定的排放标准，如《医院污水排放标准》《污水综合排放标准》以及污水排入市政管道的标准、排入自然水体的排放标准等。

3) 屋面排水系统

屋面排水系统的作用是汇集降落在建筑物屋面上的雨水和雪水并将其沿一定路线排泄至指定地点中的系统。

屋面排水系统分为外排水系统（有檐沟外排水方式和天沟排水方式）、内排水系统、混合排水系统。

8.2 采暖工程

8.2.1 采暖方式、热媒与系统分类

1. 采暖方式

（1）集中采暖与分散采暖

① 集中采暖：热源和散热设备分别设置，用热媒管道相连接，由热源向各个房间或各个建筑物供给热量的采暖方式。

② 分散采暖：热源、热媒输送和散热设备在构造上合为一体的就地采暖方式。

（2）全面采暖与局部采暖

① 全面采暖：为使整个采暖房间保持一定温度要求而设置的采暖方式。

② 局部采暖：为使室内局部区域或局部工作地点保持一定温度要求而设置的采暖方式。

（3）连续采暖与间歇采暖

① 连续采暖：对于全天使用的建筑物，使其室内平均温度全天均能达到设计温度的采暖方式。

② 间歇采暖：对于非全天使用的建筑物，仅在使用时间内使室内平均温度达到设计温度，而在非使用时间内可自然降温的采暖方式。

（4）值班采暖

在非工作时间或中断使用的时间内，为使建筑物保持最低室温要求而设置的采暖方式。值班采暖温度一般为5℃。

采暖方式应根据建筑物规模，所在地区气象条件、能源状况、能源政策、环境保护等要求，通过技术和经济等比较确定。

2. 热媒

集中采暖系统的常用热媒（也称介质）是热水和蒸汽，民用建筑应采用热水做热媒。工业建筑，当厂区只有采暖用热或以采暖用热为主时，宜采用高温水做热媒；当厂区供热以工艺用蒸汽为主时，在不违反卫生、技术和节能要求的条件下，可采用蒸汽做热媒。利用余热或天然热源采暖时，采暖热媒及其参数可根据具体情况确定。

3. 采暖系统分类

采暖系统按使用热媒可分为热水采暖系统和蒸汽采暖系统：以热水做热媒的采暖系统，称为热水采暖系统；以蒸汽做热媒的采暖系统，称为蒸汽采暖系统。采暖系统按使用的散热设备可分为散热器采暖系统和热风采暖系统。采暖系统按散热方式可分为对流采暖系统和辐射采暖系统。

8.2.2 常用采暖系统

1. 热水采暖系统

热水采暖系统可按如下分类。

（1）按热媒温度分为低温水采暖系统和高温水采暖系统。室内热水采暖系统大多采用低温水采暖系统。

（2）按供回水管道设置方式分为单管采暖系统和双管采暖系统。热水经供水管顺序流过多组散热器，并依次在各散热器中冷却的系统，称为单管热水采暖系统。热水经供水管平行地分配给多个散热器，冷却后的回水自每个散热器直接沿水管回流热源的系统，称为双管热水采暖系统。

（3）按管道敷设方式分为垂直式热水采暖系统和水平式热水采暖系统。

图 8.11 为水平串联式热水采暖系统，由一根立管水平串联起多组散热器的布置形式。由于系统串联的散热器较多，因此易出现前端过热、末端过冷的水平失调现象，因而一般每个环路散热器组数以 8~12 为宜。

（4）按系统循环的动力分为重力循环热水采暖系统和机械循环热水采暖系统。重力循环热水采暖系统是靠供水与回水的密度差进行循环的热水采暖系统，而机械循环热水采暖系统是靠机械力进行水循环的热水采暖系统。

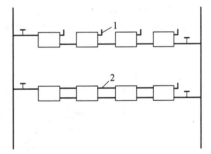

图 8.11 水平串联式热水采暖系统
1—冷风阀；2—空气管

① 重力循环热水采暖系统。重力循环热水采暖系统主要有上供下回式及单管顺流式两种。其特点是作用压力小、管径大、系统简单、不消耗电能。

② 机械循环热水采暖系统。机械循环热水采暖系统与重力循环热水采暖系统的主要区别是在系统中设置了循环水泵，主要靠循环水泵的机械能使水在系统中强制循环，如图 8.12 所示。

图 8.13 为机械循环下供下回式热水采暖系统，这种系统适用于平屋顶建筑的顶层难以布置干管的场合，以及有地下室的建筑。在这种系统中，供水、回水干管敷设在底层散热器之下，系统内的排气较为困难，可以通过专设的空气管或顶层散热器上的跑风门进行排气。这种系统适用于室温有调节要求且顶层不能敷设干管的 4 层以下建筑，缓和了上供下回系统的垂直失调现象。

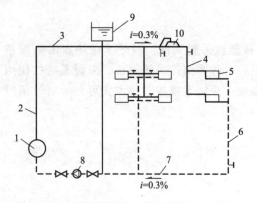 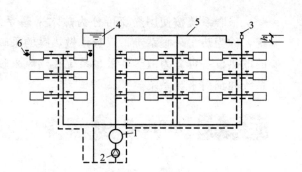

图 8.12　机械循环双管上供下回热水采暖系统

1—热水锅炉；2—总立管；3—供水干管；4—供水立管；
5—散热器；6—回水立管；7—回水干管；
8—循环水泵；9—膨胀水箱；10—集气罐

图 8.13　机械循环下供下回式热水采暖系统

1—热水锅炉；2—循环水泵；3—集气罐；
4—膨胀水箱；5—空气管；6—冷风阀

图 8.14 为机械循环中供式热水采暖系统，它适用于顶层无法设置供水干管或边施工边使用的建筑，水平供水干管布置在系统的中部。这种系统减轻了上供下回系统楼层过高易引起的垂直失调问题，同时可避免顶层梁底高度过低致使供水干管挡住窗户而妨碍开启等问题。

图 8.15 为机械循环下供上回式热水采暖系统，这种系统的供水干管布置在下部，回水干管布置在上部，顶部有顺流式膨胀水箱，排气方便，可取消集气装置，水的流向与系统中空气的流动方向一致，都是自下而上。

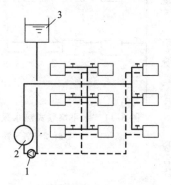 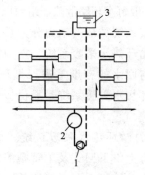

图 8.14　机械循环中供式热水采暖系统

1—循环水泵；2—热水锅炉；3—膨胀水箱

图 8.15　机械循环下供上回式热水采暖系统

1—循环水泵；2—热水锅炉；3—膨胀水箱

2. 蒸汽采暖系统

蒸汽采暖系统可按如下分类。

(1) 按供汽压力的大小可分为：低压蒸汽采暖系统，供汽压力≤70kPa；高压蒸汽采暖系统，供汽压力>70kPa；真空蒸汽采暖系统，供汽压力低于大气压。

(2) 按干管布置方式可分为上供式、中供式和下供式蒸汽采暖系统。

(3) 按立管布置特点可分为单管式和双管式蒸汽采暖系统。

(4) 按回水动力可分为重力回水式和机械回水式蒸汽采暖系统。

以下介绍低压和高压蒸汽采暖系统。

① 低压蒸汽采暖系统。这种系统的凝水回流入锅炉的形式有以下两种。

重力回水低压蒸汽采暖系统，如图 8.16 所示。在系统运行前，锅炉中充水至 $a—a$ 平面，被加热后产生一定压力和温度的蒸汽，蒸汽在自身压力作用下克服流动阻力，沿供汽管道输送到散热器内，进行热量交换后，凝水靠自重作用沿凝水管路返回锅炉中。同时，聚集在散热器和供汽管道内的空气也被驱入凝水管，最后经连接在凝水管末端点的排气装置排出。

机械回水低压蒸汽采暖系统，如图 8.17 所示。不同于重力回水低压蒸汽采暖系统，其凝水不直接返回锅炉，而是先靠重力流进专用的凝结水箱，然后通过凝结水泵将凝结水箱内的凝结水送入锅炉重新加热产生蒸汽。凝结水箱的位置应低于所有的散热器及凝水管，并且进凝结水箱的凝结水管应随凝结水的流向作向下的坡度。

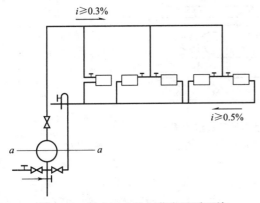

图 8.16 重力回水低压蒸汽采暖系统

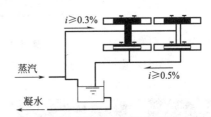

图 8.17 机械回水低压蒸汽采暖系统

② 高压蒸汽采暖系统。由于高压蒸汽采暖系统供汽压力大，与低压蒸汽采暖系统相比，它的作用面积较大、蒸汽流速较大、管径小，因此在相同的热负荷情况下，高压蒸汽采暖系统在管道初投资方面则较省，有较好的经济性。由于这种系统的压力高，散热器表面温度非常高，容易烫伤人，所以一般只在工业厂房中使用。

3. 热风采暖系统

热风采暖系统是以空气作为热媒，首先将空气加热，然后将热空气送入室内，与室内空气进行混合换热，以达到加热室内气温的目的。在这种系统中，空气可以通过热水、蒸汽或高温烟气来加热。

根据送风方式的不同，热风采暖系统有集中送风、风道送风及暖风机送风等。根据空气来源不同，热风采暖系统可分为直流式（空气为新鲜空气，全部来自室外）、再循环式（空气为回风，全部来自室内）和混合式（空气由室内部分回风和室外部分新风组成）等。

4. 辐射采暖系统

辐射采暖系统是利用建筑物内的屋顶面、地面、墙面或其他表面的辐射散热器设备散出的热量来达到房间或局部工作点采暖要求。其与土木建筑专业联系比较密切。

辐射采暖系统的种类和形式很多,按辐射体表面温度可分为:低温辐射采暖系统,即辐射体表面温度低于 80℃ 的采暖系统;中温辐射采暖系统,即辐射体表面温度一般为 80~200℃ 的采暖系统;高温辐射采暖系统,即辐射体表面温度高于 500℃ 的采暖系统。

目前,低温辐射采暖系统使用较多。它是把加热管直接埋设在建筑物构件内而形成散热面,散热面的主要形式有顶棚式、墙面式和地板式等。低温地板辐射采暖的一般做法:在建筑物地板结构层上,首先铺设高效保温隔热材料,而后用 DN15 或 DN20 的通水管,按一定管间距固定在保温材料上,最后回填碎石混凝土,经夯实平整后再做地板面层。如图 8.18 所示。其热媒为低温热水,供水温度一般为 40~60℃,供回水温差为 6~10℃。

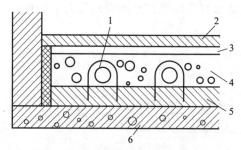

图 8.18　低温地板辐射采暖结构图

1—散热器；2—地板层；3—找平层；4—碎石混凝土；5—复合保温层；6—地板结构层

8.2.3　采暖系统设备

1. 散热器

散热器是安装在房间内的一种散热设备,也是我国目前大量使用的一种散热设备。它是把来自管网的热媒(热水或蒸汽)的部分热量传入室内,以达到补偿房间散失热量,维持室内所要求的温度,从而达到采暖的目的。

散热器的种类繁多,按其制造材质主要分为铸铁和钢铸两种;按其结构形状可分为管形、翼形、柱形、平板形和串片式等。

2. 膨胀水箱

膨胀水箱一般用钢板制作,通常是圆形或矩形。膨胀水箱安装在系统的最高点,用来容纳系统加热后膨胀的体积水量,并控制水位高度。膨胀水箱在自然循环系统中起到排气作用,在机械循环系统中还起到恒定系统压力的作用。

3. 排气设备

排气设备是及时排除采暖系统中空气的重要设备,在不同系统中可用不同的排气设备。在机械循环上供下回式热水采暖系统中,可用集气罐、自动排气阀来排除系统中的空气,且装在系统末端最高点。在水平式和下供式系统中,用装在散热器上的手动放气阀来排除系统中的空气。

4. 疏水器

疏水器能自动阻止蒸汽逸漏且迅速排出用热设备及其管道中的凝水,同时还能排除系统中积留的空气和其他不凝性气体。因此疏水器在蒸汽采暖系统中是必不可少的重要设备,它通常设置在散热器回水管支管或系统的凝水管上。常用的疏水器主要有机械型疏水器、热动力型疏水器和热静力型疏水器。疏水器很容易被系统管道中的杂质堵塞,因此在疏水器前应安有过滤措施。

5. 除污器

除污器是阻留系统热网水中的污物以防它们造成系统室内管路的阻塞的设备,一般为圆形钢质筒体。

除污器一般安装在采暖系统的入口调压装置前,或锅炉房循环水泵的吸入口和换热器前面;其他小孔口也应该设除污器。

6. 散热器控制阀

散热器控制阀安装在散热器入口管上,是根据室温和给定温度之差自动调节热媒流量的大小来自动控制散热器散热量的设备。其主要应用于双管系统中,单管跨越系统中也可使用。这种设备具有恒定室温,节约系统能源的功能。

8.3 通风与空气调节工程

8.3.1 通风工程

通风是指将被污浊的空气直接或净化后排出室外,并把新鲜空气补充进来,使室内空气质量符合卫生标准以及满足生产工艺要求的过程。

通风包括从室内排除污浊的空气和向室内补充新鲜的空气两个方面,即排风和送风。通风系统主要由通风机、进排或送回口、净化装置、风道与调控构件等组成。通风系统按工作动力分为自然通风和机械通风两类。

1. 自然通风

自然通风是指依靠室内外空气的温度差(实际是密度差)造成的热压,或者室外风造成的风压,使室内外的空气进行交换,从而改善室内空气环境的换气方式。其通风方式见表 8-1。

表 8-1 自然通风的通风方式

名称	通风途径	特点
有组织的自然通风	空气通过门窗进出房间、改变窗口开启面积大小可调节风量	不消耗电能，可获得较大换气量，应用广泛
管道式自然通风	依靠热压通过管道输送空气	常用于集中供暖地区，但其通风作用范围不能过大
渗透通风	在风压、热压及人为形成的室内正压或负压作用下，室内外空气通过围护结构缝隙进入或流出房间的过程	既不调节换气量，也没有计划地组织室内气流方向，只能用作辅助性通风措施

自然通风的特点是不需要动力设备，使用管理比较简单、经济，对于有大量余热的车间，是一种经济、有效的通风方法。但除管道式自然通风外，其余两种作用压力小，受自然条件约束，换气量不易控制，通风效果不稳定。

为了确保建筑物通风效果良好，自然通风应按以下原则进行设计。

（1）为避免建筑物有大面积的围护结构受西晒的影响，建筑朝向应坐北朝南，体形系数不宜过大。

（2）建筑的主要进风面应当与夏季主导风向呈 60°～90°，不宜小于 45°，并综合考虑避免西晒的问题。

（3）不宜将附属建筑物布置在迎风面一侧。为了避免风力在高大建筑物周围形成的正、负压力区影响与其相邻低矮建筑的自然通风，建筑物之间应当留有一定的间距。

（4）南方地区适宜采用以穿堂风为主的自然通风。建筑物迎风面和背风面外墙上的进、排风窗口位置与开口面积应满足自然通风需要。

2. 机械通风

机械通风是指利用机械手段（如风机、风扇）产生压力差来实现空气流动的通风方式。机械通风的特点是需消耗电能，机械设备及通风管道需要占据一定的空间，初期投资和运行费都比较高，适用于对通风要求较高的场所。但是机械通风可控制性强，可根据需要通过调整风口和风量控制室内气流分布，因此得到了广泛应用。

常见的机械通风系统类型包括全面通风、局部通风和置换通风。

（1）全面通风是对整个房间进行通风换气。其基本原理是用清洁空气稀释（或冲淡）室内空气中的有害物浓度，同时不断地把污染空气排至室外，保证室内空气质量达到卫生标准，如图 8.19 所示。全面通风也称稀释通风。

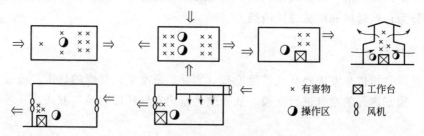

图 8.19 全面通风房间气流组织示意图

全面通风常用的送排风方式有上送上排、下送上排及中间送上下排等多种形式。具体应用时，应根据下列原则选择。

① 进风口应位于排风口上风侧。

② 送风口应接近工作人员所在地，或者有害物浓度低的地方。

③ 排风口应设在有害物浓度高的地方。

④ 在整个控制空间内，尽量使室内气流均匀，减少涡流的存在，从而避免有害物停留在局部地区。

(2) 局部通风分为局部进风和局部排风，其基本原理是通过控制局部气流，使局部工作范围不受有害物的污染，并且形成符合要求的空气环境。

(3) 置换通风是利用冷空气下沉、热空气上升原理，置换通风送风口和排风口的位置，即应该遵循：送风口在下，排风口在上。

8.3.2 空气调节工程

空气调节系统（简称空调系统）是指将室外空气送到空气处理设备中进行冷却、加热、除湿、加湿、净化（过滤）后，达到所需参数要求，然后送到室内，以消除室内的余热、余湿、有害物，使其满足人们对舒适性和产品的生产工艺要求。调节控制的参数主要包括室内温度、湿度、空气流速、空气的清洁度、空气压力、空气的组成成分等。

空气调节系统主要由以下几部分组成。

① 工作区也称为空调区。

② 冷热介质输配系统，包括风道、风机、风阀、风口、风机盘管。

③ 空气处理设备，包括冷却、加热、加湿、减湿、除尘、隔噪声。

④ 处理空气所需要的冷热源，包括制冷机、热水锅炉、热泵。

⑤ 自动控制系统。

空气调节系统可按如下分类。

(1) 按设备布置形式可分为集中式、半集中式和分散式。

① 集中式空调系统。集中式空调系统由集中式空调设备、空气输送管道、冷热源及末端设备组成。由于室内空气的冷却及加热全部由空气完成的，又称全空气系统。其优点：管理维修方便，无凝结水产生，室内空气质量好，消声防振容易；其缺点：占用建筑空间较多，施工安装工作量大，工期长，可调控性差。集中式空调系统根据所使用的室外新风情况可分为封闭式、直流式和混合式三种。如图 8.20 所示。

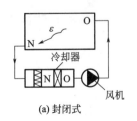 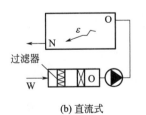 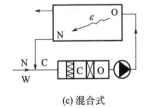

(a) 封闭式　　　　　　(b) 直流式　　　　　　(c) 混合式

图 8.20　集中式空调系统

N—室内空气；W—室外空气；C—混合空气；O—冷却后的空气

② 半集中式空调系统。在半集中式空调系统中，新风是集中处理与输配，但室内空气的加热和冷却是由房间内的末端装置在各个房间内完成的，又称风机盘管加新风系统。半集中式空调系统是目前应用最广的系统形式。其新风供给方式可分为靠室内机械排风渗入新风、墙洞引入新风、独立新风系统。

③ 分散式空调系统。分散式空调系统又称局部空调机组，冷热源和散热设备合并成一体，分散放置在各个房间里。分散式空调系统通常每个房间或家庭设置一套，具有装置简单、易实现的特点，但缺点是效率不高、能源结构不合理。

(2) 按负担室内空调负荷所用介质可以分为如下。

全空气系统：全部由处理过的空气负担室内空调负荷，一般不单独使用。

全水系统：全部由水负担室内空调负荷，一般不单独使用。

空气-水系统：由处理过的空气和水共同负担室内空调负荷。

制冷剂系统：由制冷剂直接负担室内空调负荷。

(3) 按集中系统处理空气来源可分为如下。

直流式：所处理空气全部来自室外。送风吸收余热、余湿后全部排至室外，室内空气百分之百交换。

封闭式：所处理空气全部来自室内再循环空气，节能，但卫生条件差。

混合式：所处理空气部分来自室内，部分来自室外，既能满足卫生要求，又经济合理，应用最为广泛。

(4) 按风管中空气流速可分为如下。

低速系统：民用建筑主风管风速低于 10m/s，工业建筑主风管风速低于 15m/s。

高速系统：民用建筑主风管风速高于 12m/s，工业建筑主风管风速高于 15m/s。

本章小结

给水排水工程是城市基础建设的重要组成部分，主要可分为城市给水排水工程和建筑给水排水工程。按采用热媒方式可将采暖系统分为热水采暖系统、蒸汽采暖系统；按采暖系统中使用的散热设备可分为散热器采暖系统和热风采暖系统；按采暖系统中散热方式可分为对流采暖系统和辐射采暖系统。通风与空气调节工程是为了使建筑空间的空气环境满足人类活动的基本需求，分为通风工程与空气调节工程。通风系统按其工作动力可分为自然通风与机械通风。

思考题

1. 简述城市给水排水系统的组成。
2. 简述污水的分类。

3. 简述建筑给水排水系统的分类。
4. 简述采暖系统的分类。
5. 采暖系统设备包括哪些？
6. 简述自然通风与机械通风的特点及分类。

阅读材料   巴黎下水道系统

巴黎作为一个具有悠久历史的欧洲名城，其下水道系统，是一个举世闻名的伟大工程。近代下水道的雏形也是脱胎于巴黎，巴黎的下水道系统经过了无数次的改进，今天的下水道总长超 2300km，规模远超巴黎地铁，是世界上久负盛名的排水系统，也是世界上唯一可供参观的下水道。从 1867 年世博会开始，陆续有外国元首前来参观，现在每年有约 10 万人来参观学习，巴黎的下水道处于地面以下 50m，水道纵横交错，密如蛛网。下水道宽敞得出人意料：中间是宽约 3m 的排水道，两旁是宽约 1m 的供检修人员通行的便道，如图 8.21 所示。

图 8.21 巴黎下水道系统

巴黎下水道系统享誉世界，因此下水道博物馆已成为巴黎除埃菲尔铁塔、卢浮宫、凯旋门外的又一著名旅游项目。巴黎下水道系统虽然修建于 19 世纪中期，但用现在的眼光看，这些高大、宽敞如隧道般的下水道也确实不同凡响，还有一连串数字可以说明这一排水体系的发达：约 2.6 万个下水道盖、6000 多个地下蓄水池、1300 多名专业维护工……这哪里是下水道？简直就是一座伟大的地下水库工程！在 19 世纪能够设计出这样复杂的地下排水系统不得不说是一个创举。这项巨大工程的设计师奥斯曼当然功不可没。奥斯曼是在 19 世纪中期巴黎暴发大规模霍乱之后设计了巴黎的地下排水系统，当时的设计理念是提高城市用水分布，将脏水排出巴黎，而不再按照人们以前的习惯将脏水排入塞纳河，然后再从塞纳河取得饮用水。然而真正对巴黎下水道设计和施工作出巨大贡献的却是贝尔格朗。1854 年奥斯曼让贝尔格朗负责施工。到 1878 年为止，贝尔格朗和他的工人们修建了 600km 长的下水道。随后，下水道就开始不断延伸，直到现在。

截至 1999 年，巴黎便完成了对城市废水和雨水的 100% 完全处理，还塞纳河一个免受污染的水质。这个城市的下水道和其地铁一样，经历了上百年的发展历程才有了今天的模样。除了正常的下水设施，这里还铺设了天然气管道和电缆。

博斯凯大街的污水干道，浓缩了巴黎下水道的全貌。沿着一条长500m、标着路面街道名的蜿蜒通道前行，脚下是3m多宽的水道，污水在里面哗哗流淌，旁边摆放着各种古今的机械，每隔一段又出现岔路和铁梯。再往前是一个陈列馆，陈列着高卢罗曼时代、中世纪、文艺复兴时期、第一帝国、七月王朝、现代和近代6个历史时期巴黎下水道的图片、模型，并配以英、法两种文字说明。陈列品展示了巴黎下水道的历史变迁。早在1200年，菲利普·奥古斯特登基后要为巴黎铺砌路面，曾预见巴黎市区将兴建排水沟。1850年，在塞纳省省长奥斯曼男爵和欧仁·贝尔格朗工程师的推动下，巴黎的下水道和供水网获得了迅速发展。

目前，这个有着百余年历史的巴黎下水道仍然在市政排水方面发挥着巨大作用。每天超过1.5万立方米的城市污水都通过这条古老的下水道排出市区。

第9章 土木工程施工与爆破及项目管理

教学目标

本章主要介绍土木工程的施工技术、方法以及施工管理与控制。通过本章学习,应达到以下目标。

(1) 掌握常见的土木工程施工技术及基本施工程序。
(2) 熟悉工程爆破作业方法。
(3) 掌握现代土木工程项目管理。

教学要求

知识要点	能力要求	相关知识
(1) 土石方工程和基础工程施工 (2) 建筑和桥梁结构施工 (3) 隧道工程施工 (4) 现代施工新技术	(1) 掌握土石方工程施工基本过程 (2) 了解连续梁桥和斜拉桥施工特点 (3) 了解隧道的几种主要施工方法	(1) 土石方开挖和基础施工方法 (2) 连续梁桥和斜拉桥施工流程 (3) 现代新技术在施工中的应用
(1) 土木工程爆破 (2) 建筑物拆除爆破 (3) 水利水电工程爆破	(1) 了解工程爆破的种类 (2) 了解拆除爆破适用条件 (3) 了解水利水电工程爆破特点	(1) 建筑物拆除爆破设计 (2) 围堰拆除和船闸修建的爆破方法
(1) 工程项目管理 (2) 工程招标投标 (3) 房地产开发	(1) 熟悉项目建设基本程序 (2) 熟悉工程项目招标投标流程 (3) 了解房地产开发的概念与原则	(1) 项目建设的主要过程 (2) 工程项目招标投标范围与作用 (3) 房地产开发的形式、原则与程序

引例　　　　　　　　中国空中造楼机

中国空中造楼机是一种独特的建筑机械，可在极短的时间内完成高层建筑的施工，如图9.1所示。据报道，中国空中造楼机仅用四天就建成了一栋楼房的一层，而且这栋楼房可以抵抗风力为8级的狂风。这种机器采用了许多先进技术。首先，空中造楼机可以自由移动，不需要搭建脚手架，因此能够节省大量的人力和时间。其次，空中造楼机使用了高效的混凝土喷注技术，可以将混凝土均匀地喷注到建筑的结构上。这种技术使得建筑物的结构更加坚固，并且可以保证建筑物的质量。最后，空中造楼机具有很高的安全性，造楼机可以在风力较强的情况下继续施工，这是其他建筑机械无法做到的。此外，因为施工过程中没有人员进行高空作业，所以可以有效地减少事故。中国空中造楼机是一种先进的建筑机械，已经得到广泛应用，帮助人们快速、高效、安全地建造高层建筑，为城市发展提供了有力的支持。

图9.1　中国空中造楼机

9.1　土石方工程和基础工程施工

9.1.1　土石方工程施工

建设场地中地基或路基土石的开挖、填筑、运输等过程，以及排水、降水和支护等辅助工程统称为土石方工程。土石方工程根据施工对象和要求可分为场地平整、基坑（槽）开挖、路基填筑与夯实等。场地平整主要通过对整个建筑场地的竖向规划，为后续工程提供有利的施工平面。基坑（槽）开挖主要依据设计要求开挖出适合基础或地下工程修建的空间形式。路基填筑与夯实主要控制填料设计标高和填土密实度。

下面介绍前两项。

（1）场地平整

场地平整的主要工作是将工程范围内的表层杂草、块石、杂物、腐殖土、树根等清除干净，平整压实，清理厚度不得小于0.3m。

场地设计标高的确定原则是挖填土石方量平衡。其主要考虑因素有：满足工艺和运输的要求，尽量利用地形，减少挖填土石方量，使挖填土石方量平衡，土石方运输总费用最少，有一定的排水坡度，满足排水要求，并考虑最大洪水水位的影响。

土石方调配原则：一是挖方和填方基本平衡，总运输量最小，即挖方量与运距的乘积之和尽可能最小；二是近期施工和远期利用相结合；三是分区调配和全场调配相协调，好土用于回填质量要求高的填方区；四是尽可能与大型地下室结构的施工相结合，避免土石方的重复挖填和运输。

土石方开挖前应利用布设的临时控制点，放样定出开挖边线和开挖深度等。在开挖边线放样时，应在设计边线外增加 30～50cm。基坑底部开挖尺寸，除建筑物轮廓要求外，还应考虑排水设施和安装模板等要求。

土石方开挖的工艺流程为：确定开挖的顺序和坡度→分段分层平均下挖→修边和清底。开挖基坑时不得挖至设计标高以下，可在设计标高以上暂留一层土不挖（图 9.2），由人工挖出。

（2）基坑（槽）开挖

基坑（槽）开挖一般采用反铲挖掘机挖装、自卸汽车运输，基底预留 30cm 人工清基，如图 9.3 所示。基坑（槽）回填采用装载机或手推车运土，人工分层回填，每层填土 25～30cm，手扶振动碾或蛙式夯实。基坑降排水根据水文地质情况采取井点管或管井降水，或基底周边设排水沟、集水坑泵排积水。开挖前认真查明地下管线等隐蔽设施，开挖应根据基础深度、结构特点及施工组织设计安排进行，先深后浅，先集中后分散。要准确进行土石方量调配核算。

图 9.2 土石方开挖

图 9.3 基坑（槽）开挖

9.1.2 基础工程施工

基础形式的选择应充分考虑地基承载力、上部结构构造及水文地质情况，并经过计算确定。高层建筑的基础因地基承载力、抗震稳定性和建筑功能方面的要求，一般埋置深度较大，且有地下结构。当基础埋置深度不大，地基土质条件好，且周围有足够的空地时，可采用放坡开挖。放坡开挖基坑比较经济，但必须进行边坡稳定性验算。在场地狭窄地区，基础工程周围没有足够的空地，又不允许进行放坡时，可采用挡土支护措施。基坑附近无法拉锚时，或在地质较差、不宜采用锚杆支护的软土地区，可在基坑内进行支撑，支撑一般采用型钢或钢管制成，如图 9.4 所示。

支护工程是深基础工程施工中的核心技术作业，其施工质量对其安全稳定性影响深远。大型基坑支护施工中尤其应注重监测与控制。

图 9.4 钢板桩支护

（1）对深基坑支护结构、基坑边坡水平与竖向位移等情况进行实时监测，可设置有效的观测点来进行监测，从而掌握深基坑施工过程中存在的岩土结构位移情况，并为工程施工提供坚实的安全保障。

（2）对工程周边区域建筑物进行监测，通过观察建筑物是否存在沉陷或倾斜等情况来对深基坑施工进行控制与管理。

（3）对施工现场各要素进行实时监测，如施工设备、施工人员以及安全防护措施等，在保障施工安全的同时稳步有序推进深基坑施工。

9.2 结构工程施工

9.2.1 建筑结构施工

常用的建筑结构施工方法有预制装配式施工、现浇与预制相结合施工、全现浇施工等。

（1）预制装配式施工的优点是：施工工业化，节省人力；有利于提高质量；各种构件的成批预制可以保证较好的施工质量；不依赖气候情况，工期短。预制装配结构，通常由专业机械施工队来完成。安装的节点有两种形式：一种是通过预埋件焊接的柔性节点，完成速度快；另一种是现浇混凝土刚性节点，所连成的结构整体性能好，但因混凝土强度的发展，需要一定的养护时间。

（2）现浇与预制相结合施工，在结构的刚度方面，取现浇结构的优点弥补预制装配结构的不足；在施工速度方面，取预制装配结构的方便，弥补现浇结构的复杂。此法一般对承重柱和抗震墙采用现浇，其余梁、板、扶梯均为预制，这样建造的房屋，结构刚度较大、整体性好、施工速度较快。

（3）全现浇施工是最常见的施工方法，其由模板工程、钢筋工程、混凝土工程、结构安装工程等分项施工组成。以下仅阐述模板工程和结构安装工程。

1. 模板工程施工

在现浇混凝土施工中，模板工程占极其重要的位置，它不仅对整体结构的造价有重大影响，而且与施工速度、劳动力消耗等关系密切。人们在长期的施工实践中逐步形成了各类工业化模板体系及其施工工艺。现浇混凝土的模板工程，一般可分为竖向模板和横向模板，如图 9.5 和图 9.6 所示。竖向模板主要用于抗震墙墙体、框架柱、筒体等施工。其常用的施工模板有大模板、液压滑升模板、爬升模板、提升模板、筒体模板以及传统的组合小模板等。横向模板主要用于钢筋混凝土楼盖结构施工。其常用的施工方法有组合小模板散装散拆、液压滑升模板施工中的降模等。

图 9.5 竖向模板

图 9.6 横向模板

底板和侧墙、中墙（至施工缝）施工：垫层完成后，做底板防水层。钢筋在加工场制作好后吊入基础进行绑扎。安装好钢筋后依次安装内模板和各种预埋件，最后浇筑底板和侧墙、中墙（至施工缝）。采用商品混凝土泵送入模，用插入式振捣棒振捣，分层、分段对称连续浇筑。

侧墙、中板和顶板施工：底板和侧墙、中墙（至施工缝）混凝土强度满足施工要求后，可进行剩余侧墙和顶板施工。先对接缝处的纵向水平施工缝进行防水处理，绑扎侧墙钢筋，立侧墙模板并加固，埋设预留孔，经检查无误后进行混凝土浇筑，商品混凝土泵送入模，用插入式振捣棒振捣。

端模及预留孔洞施工：部分节段端头需要设置端模，采用钢模。在模板上按钢筋间距打眼以便钢筋接长。预留孔按设计尺寸用木板订做，需采取措施防止混凝土渗漏。

2. 结构安装工程施工

(1) 爬模体系

在多层建筑建造过程中，爬模体系得到了广泛应用，如图 9.7 所示。当多层建筑结构立面垂直时，这类体系具有良好的适应性，但当结构立面为斜面或者曲面时，这类体系会遇到很大的困难。在闹市区的多层建筑施工时，通常均面临场地狭小、距离地面交通较近等实际情况，因此必须采用安全可靠的脚手和模板体系，这样才能既保证工程顺利进行，又兼顾周边闹市区的安全。针对这一情况，一般采用一种可分离的斜爬模体系，可以充分适应多层建筑各种特殊外立面的要求。

图 9.7 爬模体系

图 9.8 整体提升钢平台

(2) 整体提升钢平台

整体提升钢平台具有整体性好、安全性高、施工操作面大等优点，因此在多层建筑核芯筒施工中得到广泛应用，如图 9.8 所示。但如果核芯筒形状上下变化较大，则整体提升钢平台将面临收分处理的困难。为此，可以采用可收分的整体提升钢平台。其构成和工作原理为：在建筑结构核芯筒抗震墙上设置格构柱，用钢梁和钢板搭设平台，将内外脚手架悬挂于钢平台下，再采用提升设备将整个钢平台随楼层施工进行提升。如果施工中要经历拆除部分内脚手架和部分钢梁的过程时，则在抗震墙增设悬锚脚手架或钢桁架进行过渡，并随楼层上升逐层补缺，以满足施工操作。

(3) 钢结构塔桅安装

多层建筑由于建筑造型或功能的需要，通常在结构顶部设置钢结构塔桅，如图 9.9 所示。目前顶部钢结构塔桅的施工方法主要有三种：一是采用塔吊散装，二是采用整体提升，三是采用直升机吊装。前两种方法依赖于顶部的施工作业面和结构形式，第三种方法则风险很大。因此在顶部施工作业面有限，且塔桅高度高、重量重的情况下，其施工必然面临很大的困难，采用攀升吊技术则能很好地解决问题。

图 9.9 钢结构塔桅

9.2.2 桥梁结构施工

桥梁结构类型多种多样，各种桥型施工区别很大，尤其是大型桥梁、大型装备施工方法千差万别。以下仅阐述桥梁转体施工、连续梁桥挂篮施工和斜拉桥施工。

1. 桥梁转体施工

桥梁转体施工是指将桥梁结构在非设计轴线位置制作（浇注或拼接）成形后，通过转体就位的一种施工方法，可以将在障碍上空的作业转化为岸上或近地面的作业。根据桥梁结构的转动方向可分为竖向转体施工法（竖转法）、水平转体施工法（平转法）以及平转与竖转相结合的方法。其中以平转法应用最多，主要应用于上跨峡谷、河流、铁路、高速公路等不能做支撑的情况。桥梁转体施工的转体系统由下转盘、上转盘、球铰、滑道、牵引系统组成，转体过程一般通过千斤顶对拉牵引索，形成旋转力偶而实现转体。目前这项技术在国内应用广泛，图 9.10 所示为西安地铁 10 号线杏渭路站—水流路站跨铁路枢纽北环线桥梁转体施工。

图 9.10 桥梁转体施工

2. 连续梁桥挂篮施工

连续梁桥挂篮施工步骤如下。

（1）支架搭设

施工支架搭设如图 9.11 所示，采用钢管作为支撑，钢管底面支承在承台上，并与承台预埋钢筋焊接以提高支架的稳定性及承载力，钢管上铺设型钢作为横梁，根据模板各部位的实际受力及纵梁的型号，在横梁上布设钢支撑，然后铺设纵梁。底模架在上部形成的施工平台上，支承内外模架和模板。用型钢作分配梁，承受施工时的荷载；内外侧模的模架和模板靠搭设在分配梁上的型钢支架支撑，为保证支架整体稳定性，横桥向在墩身上预埋锚固铁板与箱梁支架钢管连接，并在钢管间设剪刀撑。外模采用挂篮的外侧模板，内模采用型钢骨架表面附胶合板模板。

图 9.11 支架搭设

（2）标准节段施工

标准节段施工过程如图 9.12～图 9.15 所示。

图 9.12　挂篮拼装

图 9.13　挂篮预压

图 9.14　标准节段施工

图 9.15　挂篮拆除

(3) 合龙段施工

连续桥的合龙分边跨合龙和中跨合龙，合龙段利用挂篮上的模板系统进行施工，方法是将挂篮底模平台锚于邻近梁段底板上，外侧悬吊在邻近梁段翼缘板上，内模置于底板顶面上，内外模间用对拉螺栓拉紧。为保持混凝土浇筑过程中梁体受力不变，在两个邻近梁段上各预压重量等于合龙混凝土重量一半的橡胶水袋储水加压，随混凝土的灌注分级放水，确保合龙始终处于一个相对稳定的状态下施工，确保合龙段施工质量。合龙段施工是连续梁施工的关键，为确保合龙段的施工质量，浇注混凝土前在合龙段间设置刚性支撑并先期张拉四束钢绞线将中跨锁定，防止由于温度变化引起的梁体伸缩而压坏或拉裂新浇混凝土。

① 边跨合龙。施工完最后一个悬灌梁段后，边跨端挂篮前移到边跨合龙段，中跨端挂篮前移到下一梁段锁定，边跨现浇段是边跨合龙口靠过渡墩方向一段直线现浇梁段，节段长度通常比标准节长。如图 9.16 所示。

② 中跨合龙。合龙段挂篮及模板就位，按设计要求设置体外支撑与体内约束，并按设计要求进行预顶，浇注中跨合龙段混凝土的同时卸载同等重量的平衡重。如图 9.17 所示。

3. 斜拉桥施工

(1) 索塔施工

索塔一般由塔座、塔柱、横梁、塔冠组成。索塔按建筑材料可分为钢筋混凝土索塔、钢索塔、预应力混凝土索塔。塔柱施工过程如图 9.18～图 9.20 所示。

(2) 主梁施工

斜拉桥主梁常用的施工方法有支架法、悬臂法、平转法、顶推法等。对大跨度斜拉桥，比较适用的是悬臂法，有时也辅以支架法。平转法和顶推法适用于跨径不大、高度不高的斜拉桥。悬臂法又分为悬臂浇筑和悬臂拼装法。对于跨度较大的斜拉桥，有时在跨间设立临时支墩以减小悬臂施工长度。支架法主要作为主梁的施工，或边跨主梁端部区域的施工辅助方法。图9.21所示为混凝土主梁的悬臂浇筑施工。

图9.16　边跨合龙

图9.17　中跨合龙

图9.18　下塔柱施工

图9.19　中塔柱施工

图9.20　上塔柱施工

图9.21　混凝土主梁的悬臂浇筑施工

① 施工流程：支架架设、模板加工、钢筋制作等→底模安装、塔梁临时固结施工→安装钢筋、预应力系统→安装内模、外模及横隔板模板→混凝土浇筑及养护、拆模板→预应力张拉。

② 安装挂篮：一般用吊机进行，水上一般用浮吊进行。

③ 主梁标准节段悬浇：牵索挂篮行走就位→提升内模拱架→调整挂篮初始状态→钢绞线挂索→绑扎钢筋及预应力管道安装→第一次整体张拉斜拉索→浇筑本节段一半质量的混凝土→第二次整体张拉斜拉索→本节段混凝土浇筑完成→纵横向预应力张拉→张拉斜拉索，挂篮脱离斜拉索锚固到主梁上，实现体系转换→第三次整体张拉斜拉索→牵索挂篮前移就位。

④ 边跨密索区现浇段施工：边跨密索区现浇段施工，不能进行对称的挂篮施工，只能在支架上进行现浇，且必须在边跨合龙前全部完成，否则将影响中跨标准节段的悬浇。如图9.22所示。

⑤ 主梁合龙段施工：合龙段混凝土采用预压换重法施工，即预先在合龙段一端加水箱按合龙段混凝土质量注水压重，随即对合龙段刚性连接施焊，浇筑混凝土时边浇边放水直至合龙段浇筑完成。如图9.23所示。

图9.22　主梁边跨施工

图9.23　主梁合龙段施工

（3）拉锁施工

① 拉索的制作与运输。拉索由两端的锚具、中间的拉索传力件及防护材料三部分组成。锚具的作用是将拉索的张拉力传给主梁和索塔。拉索制好后堆放在制索场，在安装前运到桥上。拉索在吊装前只做临时防锈措施，可卷盘运输，或用吊机吊装。运输过程中注意防止拉索顺地面拖动，也要避免拉索与尖锐物体碰撞，以免临时防锈层被破坏。

② 挂索施工。挂索是将拉索的两端分别穿入梁上和塔上预留的索孔内，并初步固定在索孔端面的锚板上。不同的拉索和锚具，采用不同的挂索方式。配装拉锚式锚具的拉索可借助卷扬机直接将锚具拉出索孔后用螺母固定。当拉索较长（大于100m）、重力较大时可将张拉用的连接杆先连接在拉索锚具上，再用卷扬机拉至连接杆露出索孔，即可完成挂索。

9.3　隧道工程施工

迄今为止，人们在实践中已创造出多种能够适应各种围岩或土体的隧道施工方法，主要有矿山法、掘进机法、沉管法、顶管法、明挖法和盖挖法等。

沉管法、顶管法、明挖法和盖挖法主要用来修建水底隧道、地下铁道、市政隧道以及埋置很浅的山岭隧道。

(1) 矿山法因最早应用于矿石开挖而得名，它包括传统矿山法和新奥法。这种方法多数情况下需要钻眼、爆破进行开挖。

① 传统矿山法。开挖方法应根据地质条件具体确定。较短的隧道，如果便于自然排水，可以从较低的洞口一侧开挖。较长的隧道则可从两侧开挖。长隧道还可以在中间设置竖井或斜井，将其分割为若干区段分头开挖。

隧道开挖后，为了保证围岩的稳定，一般需要进行衬砌（永久性支护）。现在主要采用整体式混凝土衬砌，其厚度视地质条件和隧道断面大小而定，为30～60cm，在不良地质地段还可以采用钢材和钢筋混凝土衬砌。

② 新奥法。新奥法是新奥地利隧道修建方法的简称，也称喷锚构筑法。新奥法是奥地利学者于1948年提出的，它是以既有隧道工程经验和岩体力学的理论基础，将锚杆和喷射混凝土组合在一起作为主要支护手段的一种施工方法。这个方法在世界许多地下工程中获得极为迅速的发展，已成为在软弱破碎围岩地段修建隧道的一种基本方法，经济效益十分明显。

(2) 掘进机法包括隧道掘进机法和盾构法。前者应用于石质围岩隧道；后者应用于土质隧道，尤其适应软土、淤泥等特殊地层。

① 隧道掘进机法。隧道掘进机是一种机械化的隧道掘进设备，它主要包括旋转切削头的推进装置和支撑装置、控制方向的激光准直仪及其他装置。

隧道掘进机法具有一次成洞、连续掘进、速度快、洞壁光滑、对围岩扰动小、施工质量好等优点，而且能改善施工条件、减小劳动强度，但是难以适应复杂多变的地质情况。

地铁盾构施工

② 盾构法。盾构法是采用盾构机掘进的施工方法，该法适应于软土隧道掘进。盾构机一般为一钢制圆筒，其直径大于隧道衬砌直径，但也有矩形、马蹄形、半圆形等与隧道截面相接近的特殊形状。如图9.24和图9.25所示。盾构的种类很多，其主要构造包括盾构壳体、推进系统和拼装系统。盾构是一种价格昂贵的机械化系统，只有在开挖长隧道时才是经济的。

(3) 沉管法。当地下隧道处于航道或河流中时，可采用沉管法。这是水底隧道建设的一种主要方法。该法是在船台上或船坞中分段预制隧道结构，然后经水中浮运或拖运将节段结构运到设计位置，再用水或砂土将其进行压载下沉，当各节段沉至水底预先开挖的沟槽后，进行节段间接缝处理，待全部节段连接完毕，进行沟槽回填，就建成整体贯通的隧道。

(4) 顶管法。当浅埋地铁隧道穿越地面铁路、城市交通干线、交叉路口或地面建筑物密集、地下管线纵横地区，为保证交通不致中断和行车安全，可采用顶管法施工。

顶管法施工是在做好的工作坑内预制钢筋混凝土隧道结构，待其达到强度后用千斤顶将结构推顶至设计位置。这种方法不仅用于浅埋地铁，还可用于城市给水排水管道工程、城市道路与地面铁路立叉点以及铁路桥涵等工程。

(5) 明挖法。明挖法是浅埋地下通道最常用的方法，也称基坑法。它是一种用垂直开挖方式修建隧道的方法（对应于水平方向掘进隧道而言）即从地面向下开挖，并在欲建地

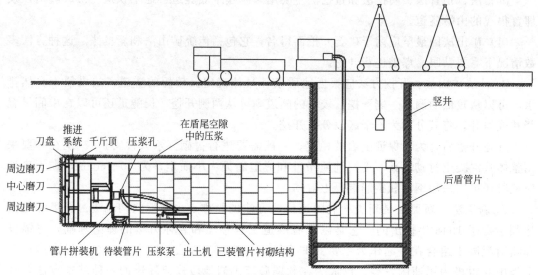

图 9.24 盾构法施工示意图

(a) 地铁盾构管片　　(b) 盾构机工作图

图 9.25 盾构管片与盾构作业

下铁道结构的位置进行结构的修建,然后在结构上部回填土以恢复路面的施工方法。

(6) 盖挖法。盖挖法的施工顺序是先修筑边墙,然后铺设盖顶,在盖顶的掩护下向下开挖并修筑底板,是一种自上而下的施工方法。盖挖法逐渐成为现代城市修筑地下多层车站时行之有效的方法。

9.4　现代施工新技术

9.4.1　BIM 技术

BIM 理念已经在建筑行业内得到推广应用,其作用在建筑领域内日益显现,作为建设项目生命周期中至关重要的施工阶段，BIM 的运用将对施工企业产生重要的影响。BIM 技术在施工企业中的应用主要体现在以下几个方面。

(1) 施工可视化。在利用专业软件为工程建立了三维信息模型后，把项目建成后的效果作为虚拟的建筑，因此 BIM 展现了二维图纸所不能给予的视觉效果和认知角度，同时为有效控制施工安排、减少返工、控制成本、创造绿色环保低碳施工等方面提供了有力支持。

(2) 碰撞检查。在设计阶段，不同专业、不同系统之间的错漏将严重影响施工设计和成本。一般情况下，施工设计人员会在施工前进行管线设计并解决大多数的管线碰撞问题。但二维图纸往往不能全面反映个体、各专业、各系统之间的碰撞可能，同时由于二维设计的离散行为不可预见，也使施工设计人员疏漏掉一些管线碰撞的问题，因此在管线综合平衡设计时，利用 BIM 的可视化功能进行管线的碰撞检测，将碰撞点尽早地反馈给施工设计人员，为解决问题提供信息参考，在第一时间尽量减少现场的管线碰撞和返工现象，以最实际的方式体现降本增效、低碳施工的理念。

(3) 准确的施工预算。BIM 模型被誉为参数化的模型，因此在建模的同时，各类的构件就被赋予了尺寸、型号、材料等约束参数，由于 BIM 是经过可视化的反复验证和修改的成果，由此导出的材料设备数据有很高的可信度。因此 BIM 模型导出的数据可以直接应用到工程预算中，为造价控制、施工决算提供有利的依据。以往施工决算的时候都是拿着图纸算量，现在有了模型以后，数据完全自动生成，做决算的准确性大大提高。

(4) 便捷的施工协调管理。有了 BIM 这样一个信息交流平台，可以使业主、设计院、顾问公司、施工总承包、专业分包、材料供应商等众多单位在同一个平台上实现数据共享，使沟通更为便捷、协作更为紧密、管理更为有效。

BIM 给施工企业的发展带来的影响可归纳为三点：一是提高施工企业的总承包总集成的能力；二是合理控制工程成本提高施工效率；三是实现绿色环保施工的理念。BIM 在施工阶段的应用，所带来的优势主要体现以下两方面。

(1) 施工工序及工艺模拟。例如对施工方案的验证，BIM 技术在深基础中的应用，对于复杂结构的梁柱节点进行模拟以反映施工现场实际工序情况。如图 9.26 所示。

(2) 施工进度模拟。通过将 BIM 模型与施工进度计划关联和场地状况进行 4D 动态模拟，形象地反映了施工过程中施工现场状况以及各项数据的变化。通过对日期、工序的选择，可更直观展示当日、当前工序工程进展情况以及工程量变化情况。如图 9.27 所示。

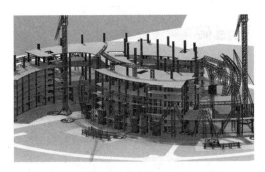

图 9.26　钢结构在吊装过程中的碰撞验证

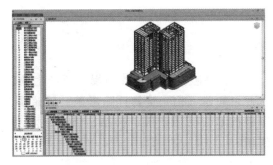

图 9.27　进度计划展示

9.4.2 3D打印技术

3D打印技术，专业名称为快速成型技术。3D打印技术起源于20世纪80年代末，发展至今已经取得极大的进步。随着技术创新，3D打印技术将会深入各个应用领域，改变传统认知。

3D打印技术应用到建筑中将是该技术的发展方向之一（图9.28）。上海张江高新青浦园区内有10幢3D打印建筑正式交付使用，这是首次打印出能够住人的房子。这些"打印"出来的建筑墙体是用建筑垃圾制成的特殊"油墨"，按照计算机设计的图纸和方案，经一台大型的3D打印机层层叠加喷绘而成。10幢小屋的建造过程仅花费24h，其技术流程是：用吊机吊起大型的3D打印机，喷头装着特殊的水泥，水泥从漏斗喷嘴流出来，吊机上下左右控制喷嘴的运动，喷出水泥形成一层层的墙壁。利用这种打印技术，可以在短时间内建造出多间标准的房子，不需要众多的建筑工人，很大程度避免了建造误差，能最大程度地保留建筑设计师的想法，效率高，几乎没有建筑垃圾。

图9.28 3D打印混凝土建筑

目前3D打印建筑处于起步阶段，随着科技的发展和3D打印技术的成熟，未来将会在建筑界中刮起一股"革命风暴"，到时只需要把数据录入计算机，一栋楼房就会耸立在我们面前。许多在如今无法建成的建筑结构，利用3D打印技术就可以一丝不差地做出来，使建筑设计和建造走向无限自由，完美地体现建筑师的精心设计。

9.5 土木工程爆破

工程爆破是指利用炸药爆炸所产生的巨大能量对介质做功，达到预定工程目标的作业，如建（构）筑物拆除爆破、隧道掘进爆破、水下工程爆破、围堰拆除爆破等。爆破技术在民用建筑、公路、铁路、水利水电等土木工程建设中发挥了十分重要的作用。

9.5.1 爆破分类

1. 按装药方式分类

（1）硐室爆破：将大量炸药集中装填于按设计开挖的药室中，一次起爆的爆破方法。
（2）炮孔爆破：将炸药装填于钻孔中进行起爆的爆破方法，这是工程中应用最广的爆破方法。
（3）裸露爆破：直接将炸药敷设在被爆破物体表面上（有时简单覆盖）起爆的爆破方法。
（4）形状药包爆破：将炸药做成特定形状的药包，以达到某种特定爆破作用的爆破方法。

2. 按爆破性质分类

（1）露天爆破：包括硐室爆破（图 9.29）、深孔台阶爆破、浅孔爆破、石方爆破、沟槽爆破等。
（2）拆除爆破：包括建筑物拆除爆破（图 9.30）、构筑物拆除爆破、水压爆破等。
（3）地下爆破：包括隧道掘进爆破、井巷掘进爆破、地下洞室开挖爆破、地下采矿爆破（图 9.31）等。
（4）水下爆破：包括水下暗礁爆破、水下岩塞爆破、爆炸软基处理爆破、水底爆破（图 9.32）等。

图 9.29　硐室爆破

图 9.30　建筑物拆除爆破

图 9.31　地下采矿爆破

图 9.32　水底爆破

3. 按爆破技术分类

(1) 松动爆破。松动爆破通常用于将岩石破碎而不大量抛掷岩块，如石场、矿场的开采。根据岩土破坏程度的不同可分为减弱松动爆破、正常松动爆破和加强松动爆破。

(2) 抛掷爆破。抛掷爆破按工程要求将岩石抛离原地的爆破技术，可分为标准抛掷爆破和加强抛掷爆破（在平坦地面称为扬弃爆破）。

(3) 定向爆破。定向爆破指利用爆破能量，将岩土集中抛掷到一个指定位置的一种爆破方法，可以看作抛掷爆破的一种特殊形式。

(4) 预裂爆破。预裂爆破是沿开挖边界布置密集炮孔，采取不耦合装药或装填低威力炸药，在主爆区之前起爆，从而在爆区与保留区形成预裂缝，以减弱主爆区爆破时对保留岩体的破坏并形成平整轮廓面的爆破技术。

(5) 光面爆破。光面爆破是沿开挖边界布置密集炮孔，采取不耦合装药或装填低威力炸药，在主爆区之后起爆，以形成平整轮廓面的爆破技术。

9.5.2 建筑物拆除爆破

拆除爆破是利用炸药爆炸释放的能量，拆除各种建筑物的一种控制爆破的方法。拆除爆破作为工程爆破的一个分支，与工程爆破整体技术和爆破器材的发展是密切相关的，特别是工业炸药和起爆器材的发展直接影响着拆除爆破的应用和推广。

1. 基础拆除爆破

基础一般较坚固且多为实心体，人工拆除十分困难，且施工进度慢，因此常常采取爆破手段。基础拆除爆破的内容十分广泛，包括拆除各种建筑物的基础、碉堡、城墙、公路、铁路、桥梁的墩台、河岸堤坝、护坡、水电站防渗基础等。

基础拆除爆破一方面要将基础破碎并清理装运走；另一方面为确保安全，必须对爆破的药量与爆破次数加以控制。其应遵守如下原则。

(1) 当周围环境比较简单时，如在离爆破体 50m 以内没有建筑物、交通要道的情况下，可采用较大的孔距和稍大的药量进行爆破，为保证破碎效果，可采用梅花形布孔以及微差、挤压爆破等。

(2) 当环境比较复杂时，如在 20～30m 以内有重要建筑物或其他设施，应对爆破安全严格要求，进行细致的工程设计，并用小孔网参数和微量装药结构以确保妥善防护。

(3) 当工程目的和安全要求发生矛盾时，要慎重考虑后再确定具体实施方案。如果工程较大且要求达到一定的破碎度时，除进行正确的设计和严格防护外，还应进行经济和工期的比较。

2. 建筑结构拆除爆破

根据建筑物结构类型、受力状态、周围环境条件和安全要求，拆除爆破方案主要分为定向倒塌、原地坍塌、单向折叠或双向交替折叠倒塌和内向折叠倒塌。

拆除建筑物时，一方面必须使爆破影响范围受到有效控制；另一方面必须根据待拆除建筑物周围的环境、场地条件及建筑物结构特点，控制其倒塌方向和范围。其应满足如下设计原则。

（1）认真分析其结构特点，对关键部位的承重柱、承重墙予以充分破坏，使建筑物整体失去稳定性。

（2）提前破坏影响或阻碍建筑物整体倒塌的承重墙、梁柱及其节点，即切梁断柱。

（3）为了确保周围建筑物、设施的安全，必须控制爆破规模及其地震效应。图 9.33 所示是武汉市硚口区汉正街群楼拆除爆破。

(a)

(b)

图 9.33　群楼拆除爆破

9.5.3　隧道工程爆破

隧道工程爆破是隧道开挖中的第一道工序，具有一般人力或机械所不能代替的特殊优势，也是关键的工序，因此成为公路、铁路、水利等工程领域中破碎岩石的主要方法。

隧道工程
光面爆破

隧道工程爆破不仅需要完成岩体的"破碎与抛坍"，而且要实现"成型与保护"，即通过精细的爆破，按照设计要求形成路堑或隧道开挖轮廓，岩体破碎度均匀，同时在爆破过程中要尽可能保护开挖边界外的岩体不受损伤、周边环境不受影响。

随着我国公路建设的规模不断扩大，建设的重点逐步向多山、多丘陵的地区转移，地质灾害问题日益突出。为了控制山区公路建设所造成的地质灾害，保护公路沿线的生态环境，大量的深挖路堑改为隧道施工。目前，山区隧道开挖大多采用钻爆法进行施工。工程实践表明，钻爆法作为一种安全、经济、快速有效的施工方法，已被广泛应用于山区公路隧道的建设中。

钻爆法是指用炸药爆破坑道范围内的岩体。当用钻爆法开挖坑道时，应采用光面爆破、预裂爆破技术，使开挖轮廓符合设计要求、减少超欠挖量、降低施工费用、减少对围岩的扰动破坏等。钻爆法可用于各类岩层中，是隧道开挖中常用的方式。

9.5.4 水利水电工程爆破

水电站主体工程（水电站边坡、坝基、泄洪洞、导流洞等）的土石方开挖经历了手风钻钻孔爆破、深孔台阶爆破及开挖体系的建立与发展等阶段，在解决了深孔爆破带来的有害影响之后，爆破技术在水利水电行业得以迅速发展，从而为水利水电工程的精细爆破技术提供了条件。

（1）爆破特点

水利水电工程为百年大计，施工质量始终放在工程建设的首位。水利水电工程都要具备挡水条件和承受高水压的功能，水的加载与卸载直接影响着渗透水压力等变化，情况严重时将危及水工建筑物的安全。由于这些条件的限制和特殊功能的要求，在进行水工建筑物主体工程岩石开挖爆破时，要求的爆破技术就有别于建筑物、隧道、交通等工程。水利水电工程爆破具有以下特点。

① 对基岩的保护和对边坡的控制最严，要保护好基岩的完整性，减少爆破裂隙。

② 对各种边界面"雕琢"最多。

③ 爆破环境条件复杂，对爆破震动控制极严格。

④ 施工强度高。

围堰爆破

由此可见，水利水电行业是对爆破技术要求最为苛刻的行业之一，在水利水电建设中，工程爆破是影响工程质量和进度的一个重要因素。

（2）围堰拆除

围堰是指水利水电工程建设中，在基坑周围修建的临时性挡水建筑物。其主要作用是防止水和土进入建筑物的修建位置，以便在围堰内排水，使基坑开挖、建筑物的修建能在干涸的条件下进行。

围堰由于具有挡水作用，使得围堰体至少有一个面处于无水状态，如顶面、堰内非临水面等。围堰拆除爆破充分利用其顶面、非临水面以及被爆体内部廊道等无水区进行钻爆作业，爆破时堰体除1～2个面处于无水状态外，其余位于水下，是一种特殊的水下爆破。围堰拆除爆破要求一次爆通成型，能满足泄水、进水等要求，同时实施爆破时，要确保爆破区附近各种已建成的水工建筑物不受到损伤。

围堰拆除爆破技术被广泛地应用在水电站的导流洞、导流明渠、尾水洞等进（出）水口围堰的拆除中。围堰拆除爆破可分为炸碎法和定向倾倒法两大类，其中炸碎法是目前应用最多的。近年来，国内外实施的大量水工围堰爆破拆除工程，均获得显著成功。三峡工程三期碾压混凝土（RCC）围堰的成功拆除爆破，表明我国此项爆破技术已处于世界领先水平，如图9.34所示。

（3）船闸修建

三峡工程建设过程中，其岩体爆破开挖施工难度主要体现在永久船闸闸室及高边坡、左岸厂房钢管槽和坝基保护层开挖等方面。三峡工程双线连续5级永久船闸主体段全长1621m，在三峡坝址左岸制高点坛子岭北侧花岗岩山体中深切开挖修建；永久船闸最大深度170m、下部为67.8m直立闸墙的双向岩质高边坡；5级船闸纵横向均为台阶状，直角

(a) 围堰拆除爆破前　　　　　　　　(b) 围堰拆除爆破

图 9.34　三峡工程围堰拆除爆破

多、拐点多，槽、沟、坎、口、井形态不规则，且均为建基面。永久船闸开挖总量近 4000 万 m³，且大部分为需要进行爆破的坚硬岩石，在山体中深切开挖形成高陡边坡，高度大、形态复杂、范围广、开挖成型要求高、爆破施工难度极大。由于施工难度大、干扰多、工期紧、保留边坡岩体的质量要求严格，设计与施工人员采用中间拉槽、预留保护层、施工预裂（光面）爆破及保护层浅孔松动控制爆破等开挖技术与手段，实现了闸室开挖的安全、高速的施工。如图 9.35 所示。

图 9.35　三峡工程船闸光面爆破效果

9.5.5　爆破安全

对于从事工程爆破设计、施工及管理的人员来说，其职责就是要通过精心设计、精心施工与严格的科学管理，准确地确定不同类型工程爆破的安全距离，划定相应爆破警戒范围，将有害效应降低，并控制在有关安全规程允许的安全标准内。

爆破安全距离的确定是工程爆破设计中的一个重要内容。安全距离是根据爆破有害效应，主要是爆破震动、爆破空气冲击波、爆破飞石和爆破毒气可能危及或影响的范围来确定，具体计算可参考《爆破安全规程》（GB 6722—2014）。

9.6 土木工程项目管理

9.6.1 项目建设程序

项目建设程序反映了建设项目发展的内在规律和过程。建设程序是建设全过程中各项工作必须遵循的先后顺序，不能任意颠倒。这个法则是人们在认识客观规律的基础上制定出来的，是建设项目科学决策和顺利进行的重要保证。项目建设程序主要如下。

(1) 项目建议书阶段

项目建议书是要求建设某一具体工程项目的建设文件，是基本建设程序中最初阶段的工作，是投资决策前对拟建项目的展望。它主要是从宏观上来分析项目建设的必要性，确定是否符合国家长远的方针要求；分析建设的可能性，确定是否具备建设条件，是否值得投资。项目建议书经批准后，可以进行详细的可靠性研究工作，但并不表明项目非实施不可，项目建议不是项目的最终决策。

(2) 可行性研究报告阶段

项目建议书一经批准，即可以着手可行性研究，形成可行性研究报告。可行性研究报告是确定建设项目、编制设计文件的重要依据。所有的项目都要在可行性研究通过的基础上，选择经济效益最好的方案编制可行性研究报告。通过可行性研究从技术、经济和财务等方面论证建设项目是否得当，以减少项目投资的盲目性。因此可行性研究报告阶段的主要目标是通过投资机会的选择和对工程项目投资的必要性、可行性等重大问题进行科学论证和多方案比较，保证工程项目决策的科学性、客观性。

(3) 设计文件阶段

设计文件一般由建设单位通过招标投标或直接委托设计单位编制。一般对不太复杂的中小型项目采用两阶段设计，即初步设计和施工图设计。对重要的、复杂的、大型的项目，经主管部门指定，可采用三阶段设计，即初步设计、技术设计和施工图设计。

(4) 建设实施阶段

建设项目在实施之前须做好各项准备工作，其主要内容包括征地拆迁、工程地质勘察、设备、材料订货、组织施工招标投标、择优选定施工单位等。建设实施阶段是根据设计图纸，进行建筑安装施工。建筑施工是建设程序中的一个重要环节，要严格执行施工验收规范，按照质量检验评定标准进行工程质量验收，确保工程质量。

(5) 竣工验收阶段

按批准的设计文件和合同规定的内容建成的工程项目，凡是经试运转合格或是符合设计要求、能正常使用的，都要及时组织验收，办理移交手续，交付使用。它是工程建设过程中的最后一环，也是基本建设转入生产或使用的标志。

在实践中，还要结合行业项目的特点和条件，才能有效地贯彻执行项目建设程序。

9.6.2　工程项目管理

项目是指在一定的约束条件下（主要是限定的资源、时间）具有专门组织、特定目标的一次性任务。工程项目管理随着发展被赋予了两种定义。

(1) 传统定义

项目管理是以高效率地实现项目目标为目的，以项目经理个人负责制为基础，能够对工程项目，或其他一次性事业按照其内在逻辑规律进行有效的计划、组织、协调、控制的管理系统。

(2) 现代定义

项目管理就是运用各种知识、技能、手段和方法去满足项目有关利害关系者对项目的要求。

工程项目管理的特点是：目标明确；把管理对象作为一个系统进行管理；按项目运行规律规范化地管理；有丰富的专业内容；有适用的方法体系；有专业的知识体系。

工程项目管理是研究建设领域中既有投资行为又有建设行为的建设项目的管理问题，是一门研究建设项目从策划到建成交付使用全过程的管理理论和管理方法的科学。工程项目管理是以投资者或经营者（项目业主）的投资目标为目的，按照建设项目自身的运行规律和建设程序，进行计划、组织、协调、控制和总结评价的管理过程。其核心内容可概括为"三控制、二管理、一协调"，即进度控制、质量控制、投资控制，合同管理、信息管理和组织协调。在有限的资源条件下，运用系统工程的观点、理论和方法，对项目的全过程进行管理。

1. 管理方式

工程项目管理的具体方式及服务内容、权限、收费和责任等，由业主与工程项目管理企业在合同中约定。工程项目管理主要有如下方式。

(1) 项目管理服务

项目管理服务是指工程项目管理企业按照合同约定，在工程项目决策阶段，为业主编制可行性研究报告，进行可行性分析和项目策划；在工程项目实施阶段，为业主提供招标代理、设计管理、采购管理、施工管理和试运行（竣工验收）等服务，代表业主对工程项目进行质量、安全、进度、费用、合同、信息等管理和控制。工程项目管理企业一般应按照合同约定承担相应的管理责任。

(2) 项目管理承包

项目管理承包是指工程项目管理企业按照合同约定，除完成项目管理服务的全部工作内容外，还可以负责完成合同约定的工程初步设计（基础工程设计）等工作。对于需要完成工程初步设计（基础工程设计）工作的工程项目管理企业，应当具有相应的工程设计资质。项目管理承包企业一般应当按照合同约定承担一定的管理风险和经济责任。

根据工程项目的不同规模、类型和业主要求，还可采用其他项目管理方式。

2. 现代项目管理特点

如今计算机技术尤其是网络技术的发展为解决建设项目信息管理问题提供了新的机遇。互联网促进建设项目各参与方突破时间和距离的限制，可以及时、有效地进行信息的交流与共享。

现代项目管理具有如下特点。

(1) 管理理论、方法、手段的现代化

这是现代项目管理最显著的特点。现代管理理论的应用，如系统论、信息论、控制论、行为科学等在项目管理中的应用。现代管理方法的应用，如预测技术、决策技术、数学分析方法、数理统计方法、模糊数学、线性规划、网络技术等。管理手段的现代化最显著的是计算机的应用，以及现代图文处理技术、精密仪器的使用，多媒体的使用等。

(2) 社会化、专业化

在现代社会中，需要专业化的项目管理公司。项目管理不仅是学科，还是一门职业，专门承接项目管理业务，提供全套的专业化咨询和管理服务，这是世界性的潮流。现在不仅发达国家，甚至发展中国家大型的工程项目都聘请或委托项目管理（咨询）公司进行项目管理，这样能取得高效益，达到投资小、进度快、质量好的目标。

(3) 标准化、规范化

项目管理是一项技术性非常强的、十分复杂的工作，要符合社会化大生产的需要，项目管理必须标准化、规范化。这样项目管理工作才有通用性，才能专业化、社会化，才能提高管理水平和经济效益。这使得项目管理成为人们通用的管理技术，逐渐摆脱经验型管理以及管理工作"软"的特征，而逐渐硬化。

(4) 国际化

项目管理的国际化趋势越来越明显。项目管理国际化，即按国际惯例进行项目管理。国际惯例能把不同文化背景的人包罗进来，提供一套通用的程序，通行的准则和方法，这样就使得项目中的协调有一个统一的基础。

工程项目管理国际惯例通常有：世界银行推行的工业项目可行性研究指南；世界银行的采购条件；国际咨询工程师联合会颁布的 FIDIC 合同条件和相应的招标投标程序；国际上处理一些工程问题的惯例和通行准则等。

9.6.3 项目招标投标与建设监理

1. 项目招标投标

招标单位又叫发标单位，中标单位又叫承包单位。"标"指发标单位标明的项目的内容、条件、工程量、质量、工期、标准等的要求，以及不公开的工程价格（标底）。实行招标和投标制，改变过去单纯用行政手段分配建设任务的方法，把建筑企业置于竞争环境中去，是中国建筑业管理体制的一项重大改革。它有利于鼓励先进、鞭策后进，不断提高企业的素质和工程项目的社会经济效益。

根据招标投标法,在我国进行下列工程建设项目,包括项目的勘察、设计、施工、监理以及与工程建设有关的重要设备、材料的采购,必须进行招标。

(1) 大型基础设施、公用事业等关系社会公共利益、公众安全的项目。

(2) 全部或者部分使用国有资金投资或国家融资的项目。

(3) 使用国际组织或者外国政府贷款、援助资金的项目。

招标投标是市场经济中的一种交易方式,它的特点是由唯一的买主(或卖主)设定标的,邀请若干个卖主(或买主)通过秘密报价进行竞争,从中选择优胜者与之达成交易协议,随后按协议实现标的。因此招标投标是一项经济活动的两个方面,是招标单位和投标单位共同完成的交易过程。

招标投标的标的可以是不同的商品,但以建筑产品最为常见,因而在实践中很自然地把招标投标与建筑工程联系在一起。在这种情况下,招标可以看作建筑产品需求者的一种购买方式;而投标则可以视为建筑产品生产者的一种销售方式;从招标和投标双方共同的角度来看,招标投标就是建筑产品的交换方式。

建筑工程采用招标投标方式决定承建者是市场经济、自由竞争发展的必然结果。这种方式已成为国际建筑市场的主要交易方式。

"招标"是指项目建设单位(业主)将工程项目的内容和要求以文件形式标明,指引项目承包单位(承包商)来报价(投标),经比较,选择理想承包单位并达成协议的活动。对于业主来说,招标就是择优。由于工程的性质和业主的评价标准不同,择优可能有不同的侧重面,但一般包含四个主要方面:较低的价格、先进的技术、优良的质量和较短的工期。业主通过招标,从众多的投标者中进行评选,既要从其突出的侧重面进行衡量,又要综合考虑上述四个方面的因素,最后确定中标者。

"投标"是指承包商向业主提出承包该工程项目的价格和条件,供业主选择以获得承包权的活动。对于承包商来说,参加投标就如同参加一场赛事竞争。因为这场赛事不仅比报价的高低,还比技术、经验、实力和信誉。特别是当前国际承包市场上,越来越多的工程是技术密集型项目,势必给承包商带来两方面的挑战,一方面是技术上的挑战,要求承包商具有先进的科学技术,能够完成高、新、尖、难工程;另一方面是管理上的挑战,要求承包商具有现代先进的组织管理水平,能够以较低价中标,靠管理和索赔获利。

招标投标的适用范围包括工程项目的前期阶段(可行性研究、项目评估等),建设阶段(勘测设计、工程施工、技术培训、试生产)等各阶段的工作。由于工程项目各阶段的工作性质有很大差异,实际工作中往往分别进行招标投标,也有实行全过程招标投标的。

标底是工程项目造价的表现形式之一。其由招标单位自行编制或委托经建设行政主管部门批准具有编制标底资格和能力的中介机构代理编制,并经当地工程造价管理部门(招标投标办公室)核准审定最终形成发包价格,是招标单位对招标工程所需费用的自我测算和预期,也是判断投标报价合理性的依据。

工程项目投标报价是指施工单位、设计单位或监理单位根据招标文件及有关计算工程造价的资料,按一定的计算程序计算工程造价或服务费用,在此基础上,考虑投标策略以及各种影响工程造价的因素,最后提出的投标报价。工程项目招标方式主要有公开招标、邀请招标和协商议标三种。

公开招标是指招标人以招标公告的方式邀请不特定的法人或其他组织投标。邀请招标是指招标人以投标邀请书的方式邀请特定的法人或者其他组织投标。协商议标是由开发商直接邀请某一承包企业进行协商，协商不成再邀请另一家承包企业，直至达成协议。

2. 建设监理

(1) 基本概念

建设监理是指监理单位对工程建设及其参与者的行为所进行的监督和管理。这里所指的工程建设参与者是指建设单位、设计单位、施工单位、材料设备供应单位等。建设监理的目的是促进工程建设参与者的行为符合国家法律、法规、技术标准和有关政策，约束建设行为的随意性和盲目性，确保建设行为的合法性、科学性，并对建设进度、费用、质量目标进行有效的控制，实现合同的要求。

建设监理是随着市场经济发展起来的。最初，业主们感到单靠自己来监督管理工程建设的局限性和困难性。专业化和劳动分工理论的建立，使建设监理的必要性逐步被人们接受。目前，建设监理已贯穿建设活动的全过程。在西方国家的工程建设活动中已形成了业主、承包商和监理工程师三足鼎立的基本格局。世界银行等国际金融机构，都把实行建设监理作为提供贷款的条件之一，建设监理成为工程建设必须遵循的制度。

(2) 监理任务

在工程建设中，无论是全过程的建设监理还是某一阶段的建设监理，主要有"控制、管理、协调"三方面任务。

① 控制是指投资控制、进度控制及质量控制，通常称为"三控制"。投资控制分为项目设计和施工两个阶段。在项目设计阶段，以工程项目概算为基础，审核设计方案，估算造价能控制在投资范围内。在项目施工阶段，应根据合同价，控制在施工过程中可能新增加的费用，监测施工过程中各种费用的实际支出，正确处理索赔事宜，达到对工程实际造价的控制。进度控制是对项目的各个阶段的进度都要进行的控制，因此要有一个总的控制进度计划。由于施工阶段是工程实体形成的阶段，项目建设工期和进度很大程度上取决于施工阶段的工期长短。因此，对施工进度进行的控制，是整个项目进度控制的关键阶段。质量控制是指在项目设计和施工的全过程中对形成工程实体的质量进行的控制，包括设计方案质量和材料、半成品、机具以及施工工艺质量。设计质量控制是工程项目质量控制的起点。施工阶段的质量控制是整个项目质量控制的重点阶段。要建立健全有效的质量监督工作体系确保工程项目的质量达到预定的标准和等级要求。

② 管理涉及合同管理和信息管理两个方面。合同管理是进行投资控制、质量控制、进度控制的有效手段。监理工程师通过有效的合同管理，确保工程项目的投资、质量和进度三大目标的最优实现。监理工程师在现场进行合同管理，就是要一切按照合同办事，要注意防止被索赔的可能，还要寻找向对方索赔的机会。信息管理又称信息处理。监理工程师在监理过程中使用的主要方法是控制，控制的基础就是信息。因此，要及时掌握准确、完整的信息，并迅速进行处理，使监理工程师对工程项目的实施情况有清楚的了解，以便及时采取措施，有效地完成监理任务。信息处理要有完善的建设监理信息系统，充分利用计算机进行辅助管理，同时加强建设监理文件档案的管理。

③ 协调是指业主和承包商之间出现各种矛盾和问题时，作为监理工程师应及时、公

正地进行协调和仲裁，维护双方利益。由于业主与承包商只有各自的经济利益，对问题有着不同的理解，因此协调是经常性的任务。

(3) 监理程序

监理人按合同约定派出监理工作需要的监理机构，委派总监理工程师及其监理机构的主要成员，迅速实施工程建设监理。工程建设监理一般应按下列程序进行。

① 编制工程建设监理规划。
② 按工程建设进度，分专业编制工程建设监理细则。
③ 按照建设监理细则进行建设监理。
④ 参与工程竣工预验收，签署建设监理意见。
⑤ 建设监理业务完成后，向委托人提交工程建设监理档案资料。

9.6.4 国际工程承包

国际工程承包是指一个国家的政府部门、公司、企业或项目所有人（一般称业主或发包人）委托国外的工程承包人负责按规定的条件承担完成某项工程任务。国际工程承包是一种综合性的国际经济合作方式，是国际技术贸易的一种方式，也是国际劳务合作的一种方式。

国际工程承包是以工程项目为对象的跨国技术商务活动，与劳务输出相比，国际工程承包更为复杂，它不仅要输出劳务，还要输出资金、技术和设备等。因此，它对承包人的资金、技术和管理的综合能力要求很高，承包的风险大，但盈利也很大。

1. 业务特点

国际工程承包主要特点如下。

(1) 交易内容和程序复杂

由于国际工程承包和劳务合作涉及的面比较广、程序复杂，从技术等方面来看，比一般商品贸易和一般经济合作的要求高得多。在技术上，包括勘探、设计、建筑、施工、设备制造和安装、操作使用、产品生产；在经济上，包括商品贸易、资金信贷、技术转让、招标与投标、项目管理等；在法律上，既要遵循国际惯例，又要熟悉东道国法律、法规、税收等。此外，派出人员还必须了解东道国的风俗习惯。

(2) 工期长且风险大

一项工程承包项目，从投标到工程完成，一般要经过很长的时间，项目金额一般在几百万美元以上，有的甚至高达几十亿美元。在国际政治经济形势多变，有些国家经常发生政策变动，承包人承担的风险很大。此外，投标国际工程项目，投标人的报价必须是实盘，一经报出，不得撤回，如果要撤回，不但投入的费用无法收回，而且投标保证金也将被没收。

(3) 政府的支持和影响

国际工程承包是一种综合性的交易，许多国家政府都直接开设公司或支持本国的工程承包公司开展这方面的业务，并采取措施使本国的承包公司从单纯的劳务输出向承包工程发展，从小型项目向大型项目发展，从劳动密集型项目向技术密集型项目发展。许多外国公司利用自身先进技术和高水平管理的有利条件，与东道国的承包公司进行联合。

（4）涉及面广

虽然国际工程承包的当事人是业主和承包人，但在项目实施过程中，却要涉及多方面的关系。例如业主方面涉及聘用的咨询公司、建筑工程师；承包人方面涉及合伙人或分包商、各类设备和材料供应商等。此外，工程承包还涉及银行、保险公司一类的担保人或关系人。规模大、技术复杂的大型工程项目可能由多个国家的承包商共同承包，所涉及的关系更为复杂。因此，对业主和承包人来说，要使工程项目顺利完成，必须有处理好各种复杂关系的能力。

（5）履约具有连续性

国际工程承包履约具有连续性。在国际工程承包中，施工过程就是履约过程。在整个施工期间，对工程的质量，承包人始终承担责任，并根据合同不断接受业主的检查直至最后确认。

2. 承包方式

（1）单独承包

单独承包是承包公司从外国业主那里独立承包某项工程。这种方式下，承包公司对整个工程项目负责，工程竣工后，经业主验收才结束整个承包活动。工程建设所需的材料、设备、劳动力、临时设施等全部由承包公司负责。

（2）总承包

总承包是指一家承包公司总揽承包某一项工程，并对整个工程负全部责任。但是它可以将部分工程分包给其他承包商，该分承包商只对总承包公司负责，而不与业主直接发生关系。国际工程承包上普遍采用总承包的方式。

（3）联合承包

联合承包是几家承包公司根据各自所长，联合承包外国的一项工程，各自负责所承包的一部分建设任务，并各自独立向业主负责。

3. 基本程序

国际工程承包是一项涉及经济、技术、法律等方面的综合性劳务贸易。它具有合同金额大、周期长、风险大等特点。因而，在进行国际工程承包时，除了做好充分的准备，还要具备高水平的技术条件及管理经验。其基本程序如下。

① 广泛收集招标信息，并对项目所在国进行各项调查。
② 详细准备好报送的预审资料。
③ 深入研究招标文件并参加标前会议。
④ 正确确定报价水平。
⑤ 评价、中标后签订承包合同。

4. 招标投标

国际工程项目通过招标投标签订合同，用合同管理工程项目，使业主在合理的计划工期内按预定的质量目标以竞争性的价格实施工程项目。完善、严密、翔实的合同是实现工程项目目标的基本保证,是工程项目管理的关键。招标投标是实施工程项目合同管理的程序和手段,起保证作用。

国际工程项目招标投标的运作过程是严格按照世界银行所确认的规范化程序进行操作的。这一操作程序最大限度地体现了公开、公平、公正的竞争原则。

与一般的招标一样,国际工程项目招标的本质是一种手段,也是一种经济行为,目的是规范竞争,降低成本,让招标人得到性价比高的工程或服务。同时,可以使投标人得到公平竞争的机会。

9.6.5 房地产开发

房地产也称不动产,是房产和地产的总称,是土地和土地上永久性建筑物及其衍生的权利和义务关系的总和。

房地产业是从事房地产开发、经营、管理和服务的产业,其内涵包括土地的开发,房屋的建设、维修、管理,土地使用权的有偿出让、转让,房屋所有权的买卖、租赁,房地产的抵押贷款,以及因此形成的房地产市场。

房地产业与建筑业之间既有区别,又密切联系。建筑业是第二产业,而房地产业则兼有生产(开发)、经营、管理和服务等多种性质,属于服务业,是第三产业的重要领域。

房地产开发是指在依法取得国有土地使用权的土地上进行房屋建设的行为。取得国有土地使用权是房地产开发的前提。房地产开发也并非仅限于房屋建设或者商品房的开发,而是包括土地开发和房屋开发在内的开发经营活动。

1. 开发形式

房地产开发包括土地开发和房屋开发。土地开发主要是指房屋建设的前期工作,主要有两种情形:一是新区土地开发,即把农业或者其他非城市用地改造为适合工商业、居民住宅、商品房以及其他城市用途的城市用地;二是旧城区改造或二次开发,即对已经是城市土地,但因土地用途的改变、城市规划的改变以及其他原因,需要拆除原来的建筑物,并对土地进行重新改造。房屋开发一般包括四个层次:第一层次为住宅开发;第二层次为生产与经营性建筑物开发;第三层次为生产和生活服务性建筑物的开发;第四层次为城市其他基础设施的开发。

2. 开发原则

房地产开发原则是指在城市规划区国有土地范围内从事房地产开发并实施房地产开发管理中应依法遵守的基本原则。依据中国法律的规定,中国房地产开发的基本原则如下。

(1) 依法在取得土地使用权的城市规划区国有土地范围内从事房地产开发的原则。在我国,通过出让或划拨方式依法取得国有土地使用权是房地产开发的前提条件,房地产开发必须是国有土地。我国另一类型的土地即农村集体所有土地不能直接用于房地产开发,集体土地必须经依法征用转为国有土地后,才能成为房地产开发用地。

(2) 房地产开发必须严格执行城市规划的原则。城市规划是城市人民政府对建设进行宏观调控和微观管理的重要措施,是城市发展的纲领,也是对城市房地产开发进行合理控制,实现土地资源合理配置的有效手段。科学制定和执行城市规划,是合理利用城市土地,合理安排各项建设,指导城市有序、协调发展的保证。

(3) 坚持经济效益、社会效益和环境效益相统一的原则。经济效益是房地产所产生的经济利益的大小,是开发企业赖以生存和发展的必要条件。社会效益指房地产开发给社会带来的效果和利益。环境效益是指房地产开发对城市自然环境和人文环境所产生的积极影响。

(4) 应当坚持全面规划、合理布局、综合开发、配套建设的原则,即综合开发原则。综合开发和以前的分散建设相比,具有不可比拟的优越性。综合开发有利于实现城市总体规划,加快改变城市的面貌;有利于城市各项建设的协调发展,促进生产,方便生活;有利于缩短建设周期,提高经济效益和社会效益。

(5) 符合国家产业政策、国民经济与社会发展计划的原则。国家产业政策、国民经济与社会发展计划是指导国民经济相关产业发展的基本原则和总战略方针,房地产业作为第三产业应受国家产业政策、国民经济与社会发展计划的制约。

3. 开发程序

房地产开发程序如下。

(1) 投资决策分析。投资决策分析类似可行性研究,是房地产开发过程中最为重要的一环。投资决策分析主要包括市场分析和财务估价两部分。这必须在还未签协议之前进行,给开发者以充分的时间和自由度加以考虑。目前人们对房地产开发项目的财务估价已经比较普遍,而对至关重要的市场分析却没有足够的重视。

(2) 前期工作。当通过投资决策分析确定了具体的开发项目后,就要着手准备实施前期工作。它包括研究地块的特性与范围;分析将要购买地块的用途及获益能力大小;获取土地使用权;征地、拆迁、安置、补偿;规划设计及建设方案的确定;与规划管理部门协商,获得规划许可;施工现场的"七通一平";安排短期或长期信贷;寻找预租(售)客户;初步确定租金或售价水平、开发成本和工程量进行详细估算和概算等。

(3) 建设阶段。建设阶段是将房地产开发过程中所涉及的所有原材料聚集在一个空间和时间点上。项目建设一开始,尤其对许多小项目而言,一旦签署了承包合同就几乎不再有变动的机会了。为了防止追加成本和工期拖延,开发商必须密切注意项目建设过程的进展,定期检查施工现场,以了解整个建设过程的全貌。

(4) 租售阶段。在很多情况下,开发商为了分散投资风险,减轻借贷压力,在项目建设前就通过预租或预售的形式落实了入住的客户,但更多情况下,还是在项目完工或接近完工时才去寻找客户。对出租或出售两种处置方式而言,要根据市场状况、开发商对回收资金迫切程度和开发项目的类型来选择:对居住楼,常以出售为主;对写字楼、酒店、商业用房常以出租为主。

第9章 土木工程施工与爆破及项目管理

本章小结

土木工程施工是研究各主要工程的施工技术与组织的基本规律,以及各专业方向的专业施工技术的学科。爆破拆除是高层建筑拆除的一种有效方法和发展方向。工程项目管理是研究建设领域中既有投资行为,又有建设行为的建设项目的管理问题,是研究建设项目从策划到建成交付使用全过程的管理理论和管理方法的学科。

思考题

1. 基坑开挖的技术要点是什么?
2. 简述整体提升钢平台的工作原理。
3. 简述斜拉桥的施工流程。
4. 隧道工程施工有哪几种方法?
5. 简述 BIM 技术的应用范围及优点。
6. 建筑物拆除爆破的设计原则是什么?
7. 水利水电工程爆破的特点有哪些?
8. 简述现代工程项目管理的特点。
9. 如何理解招标投标的定义?
10. 简述建设监理的任务。
11. 简述国际工程承包的特点。
12. 房地产开发应该依据哪些原则?

 阅读材料　　**全国第一爆——西安环球中心大楼爆破**

2015 年 11 月 15 日上午 7 时,118m 高的西安环球中心金花办公大楼成功被爆破(图 9.36),爆破作业前后用时 15s。

西安环球中心金花办公大楼为金花药厂的工业用地,该厂已于 2011 年搬迁至高新区科技四路新厂址,目前项目建址地,现厂房及建筑物空置约 4 年,项目建址地现有建筑体包括金花药厂一部生产车间、办公楼及厂区内南侧临科技路一栋空置商办建筑,仅有部分办公楼暂为世纪金花高新购物中心临时办公所用。

大楼的体积特别庞大,长 45.6m,宽 44.27m,高 118m,总体建筑面积达 37290m^2,钢筋混凝土总体积 13000m^3,总重量达 32500t,是目前国内爆破的第一高楼。2015 年以来,业主多次邀请全国爆破专家会商爆破,最终确定由西安科技大学建筑与土木工程学院王小林教授为爆破总设计师。由于爆破前对倒塌方向、折叠次序、飞石的控制、震动的控制等爆破中的关键技术进行了精心设计,这次爆破完全达到了预期效果,站在附近 50m

(a) 爆破前　　　　　　　　　　　　　(b) 爆破后

图 9.36　西安环球中心金花办公大楼爆破前后对比

以上的高层建筑上完全感觉不到震动。据王小林教授介绍，此次爆破实现了多项突破。首先，从爆破整体效果看，过去国内大楼爆破很难看到折叠效果，本次爆破的大楼倒塌时单向三折叠定向控制爆破方法的效果明显，从下中上依次起爆，使得大楼在倒塌时精准地"弯了一下腰"。这种折叠倒塌有效控制了大楼倒塌的范围，减小了对周围环境的影响。其次，经过严密推算，对震动和飞石的控制十分成功，通过将 1.4t 的炸药装在 1.2 万个炮孔里，使爆破能量分化，有效降低了震感，也没有出现飞石溅出防护装置的现象。最后，大楼的倒塌方向与设计倒塌方向精确吻合，大楼准确地朝预计的西北方向倒塌。

这次爆破在控制装药、防护措施、爆破技术及有害效应控制上都达到了世界领先水平。西安环球中心金花办公大楼的成功爆破为我国高层建筑和其他工程结构的爆破拆除积累了宝贵经验。

第10章 土木工程防灾与建筑物加固及平移

 教学目标

本章主要讲述常见土木工程灾害的种类以及预防措施，另外对建筑物检测与加固及平移也做了简要介绍。通过本章学习，应达到以下目标。

(1) 了解常见土木工程灾害的种类。
(2) 掌握土木工程灾害的预防措施。
(3) 熟悉建筑物检测与加固及平移。

教学要求

知识要点	能力要求	相关知识
土木工程灾害	熟悉常见土木工程灾害的种类	土木工程灾害的分类
土木工程灾害预防	(1) 理解土木工程灾害的形成过程 (2) 熟悉土木工程灾害预防	相关土木工程灾害的预防
建筑物检测与加固	(1) 了解建筑检测加固的意义与范围 (2) 熟悉建筑检测与加固的程序	建筑检测与加固技术的发展前景
建筑物平移	(1) 熟悉建筑物平移的原理 (2) 熟悉建筑物平移的基本施工步骤	建筑物平移的施工技术

 引例　　　　　　　　　上海塔的抗震措施

上海塔（图10.1）是一座超高层建筑，又称"上海中心大厦"，位于上海市浦东新区陆家嘴金融贸易区。这座建筑设计高度为632m，共有127层，是目前中国第一高、全球第三高的摩天大楼，同时也是

现代建筑抗震结构揭秘

世界上最具有代表性和最先进的高层建筑之一。在如此高度下，抗震设防变得尤为重要。为了保证上海塔的抗震性能，建筑师和工程团队采用了多项创新技术和措施。

上海塔采用了钢筋混凝土核心墙结构，这是一种常见的高层建筑结构形式。核心墙是一个巨大的混凝土柱，它穿过整个建筑并连接所有楼层。在地震时，核心墙将担负起支撑重力荷载和承担水平荷载的任务，以保持建筑的稳定性。上海塔还采用了一种由高强度钢缆索组成的支撑系统。这些缆索从建筑的顶部伸向四周，将重力负荷分散到整个结构中。在地震时，这些缆索可以吸收部分震动，并将其传到更稳定的结构中。在设计阶段，上海塔设计团队进行了多次地震模拟试验和科学计算，以确定最合适的结构形式并评估建筑的抗震性能。这项工作涉及对地质条件、建筑材料和结构等方面的全面研究，以确保上海塔的抗震性能符合最高标准。这些措施使得上海塔能够在地震等自然灾害中保持强大的稳定性能，并为我国甚至世界上其他高层建筑的设计和建造提供了重要的参考和借鉴。

(a) 钢筋混凝土核心墙　　　(b) 上海塔建成外观

图 10.1　上海塔

从古至今，人类文明的发展史就是不断与各种灾害斗争的历史。随着世界经济一体化和社会城市化进程的发展，灾害对现代社会的影响辐射范围越来越广，其引起的破坏程度和造成的损失也越来越引起人们的重视。因此人们在土木工程建设和使用过程中，应了解和预防其可能受到的各种工程灾害。

这些工程灾害包括自然灾害和人为灾害。自然灾害主要包括地震灾害、风灾、火灾、地质灾害等；人为灾害则包括火灾及由于设计、施工、管理、使用失误造成的工程质量事故。

10.1　土木工程灾害

土木工程灾害主要有地震灾害、风灾、地质灾害、火灾和工程质量事故等。

1. 地震灾害

地震是地球上经常发生的一种自然灾害,全球每年发生约 550 万次。

地震常常造成严重的人员伤亡及工程结构破坏,有时还引发火灾、水灾、地质灾害等。

全世界地震主要分布于以下两个地震带。

(1) 环太平洋地震带

此带主要位于太平洋边缘地区,沿南北美洲西海岸,从阿拉斯加经阿留申至堪察加,然后分成两支:其中一支向南经马里亚纳群岛至伊里安岛;另一支向西南经琉球群岛、菲律宾、印度尼西亚。两支在伊里安岛汇合,经所罗门、汤加至新西兰。全球约 90% 的地震,都发生在这一带,所释放的地震能量约占全球地震总能量的 80%。

(2) 欧亚地震带

此带横贯欧、亚两洲并涉及非洲地区。其中一部分从堪察加开始,越过中亚;另一部分则从印度尼西亚开始,越过喜马拉雅山脉。两部分在帕米尔汇合,然后向西伸入伊朗、土耳其和地中海地区,再出亚速海。此带所释放的地震能量约占全球地震总能量的 15%。

我国地处这两大地震带之间,是世界上多地震的国家,也是受地震灾害最为严重的国家之一。图 10.2 所示为地震灾害。

(a) (b)

图 10.2 地震灾害

2. 风灾

风灾包括台风和龙卷风灾害。

(1) 台风灾害

台风也称飓风,是由于热、湿引起的大气剧烈扰动,是一个大而强的空气涡旋。其直径为 200~1000km,形成时的风速为 10~20km/h。从台风中心向外依次是台风眼、眼壁,半径多为 5~30km;再向外是几十至几百千米宽、几百至几千千米长的螺旋云带。螺旋云带伴随着大风、阵雨旋向中心区,越靠近中心,空气旋转速度越加大,并突然转为上升运动。因此,距台风中心 10~100km 范围内形成一个由强对流云团组成的几十千米厚的云墙、眼壁,这里会发生摧毁性的暴风骤雨;再向中心,风速和雨速骤然减小,到达台风眼时,气压达到最低,湿度最高,天气晴朗,与周围天气相比似乎风平浪静,但转瞬一过,新的灾难又会降临。图10.3所示为一张台风的卫星照片,图像中部的为台风眼,周围的风速比台风眼处要大得多。

台风带来的灾害有三种,即狂风引起的摧毁力、强暴雨引起的水灾和巨浪暴潮的冲击力。

(2) 龙卷风灾害

龙卷风是一种强烈的、小范围的空气涡旋,是在极不稳定的天气下由空气强烈对流运动而产生的。由雷暴云底伸展至地面的漏斗状云(龙卷)产生的强烈旋风,其风力可达10级以上,风速最大可达100m/s以上,一般伴有雷雨,有时也伴有冰雹。如图10.4所示。

图10.3 台风的卫星照片　　　　　　图10.4 龙卷风

龙卷风是大气中强烈的涡旋现象,影响范围虽小,但破坏力极大。它往往使成片庄稼、成万株果木瞬间被毁,令交通中断,房屋倒塌,人畜遭受损害。龙卷风的水平范围很小,直径几米到几百米,平均为250m,最大为1000m左右。在空中的直径却有几千米,最大有10km,最大风速可达150~450km/h,龙卷风持续时间一般仅几分钟,最长不过几十分钟,但造成的灾害很严重。

3. 地质灾害

地质灾害是与地质环境或地质变化有关的一种灾害,主要指由于自然或人为地质作用,导致地质环境或条件发生变化,当这种变化达到一定程度后给人类造成的危害。地震、火山、滑坡(图10.5)、泥石流(图10.6)等都属于地质灾害。我国地质灾害的防治方针为"以防为主、防治结合、综合治理"。

图10.5 滑坡　　　　　　图10.6 泥石流

4. 火灾

火灾是指在时间或空间上失去控制的燃烧。火灾是最经常、最普遍的威胁公众安全和社会发展的灾害之一。火灾可分为人为破坏产生的火灾和无意识行为造成的火灾。随着城市化进程的加快，火灾危害越来越严重。图 10.7 所示为高层建筑火灾。

(a)   (b)

图 10.7　高层建筑火灾

根据 2007 年我国公安部下发的《关于调整火灾等级标准的通知》，将火灾等级分为特别重大火灾、重大火灾、较大火灾和一般火灾四个等级。

① 特别重大火灾：指造成 30 人以上死亡，或者 100 人以上重伤，或者 1 亿元以上直接经济损失的火灾。

② 重大火灾：指造成 10 人以上 30 人以下死亡，或者 50 人以上 100 人以下重伤，或者 5000 万元以上 1 亿元以下直接经济损失的火灾。

③ 较大火灾：指造成 3 人以上 10 人以下死亡，或者 10 人以上 50 人以下重伤，或者 1000 万元以上 5000 万元以下直接经济损失的火灾。

④ 一般火灾：指造成 3 人以下死亡，或者 10 人以下重伤，或者 1000 万元以下直接经济损失的火灾。

5. 工程质量事故

工程质量事故是指结构设计存在缺陷和施工质量差的工程，属于人为工程事故。工程质量事故对社会的危害是巨大的，在工程设计、施工、管理、应用中须尽可能避免。

10.2　土木工程灾害预防

1. 地震灾害预防

地震灾害预防主要包括工程性预防措施与非工程性预防措施两个方面。

港珠澳大桥
抗震隔震

(1) 工程性预防措施：提高各类建（构）筑物的抗震能力，有针对性地开展抗震加固工作。

(2) 非工程性预防措施：各级政府和有关部门要制定防震减灾规划，加强防震减灾的宣传工作、制定破坏性地震应急预案、开展地震保险。

地震灾害具体的预防措施如下。

(1) 建（构）筑物的抗震处理。其包括地基抗震处理、结构抗震加固、节点抗震处理等。

(2) 震前预报。通过监测资料分析和地震前兆研究进行地震区域划分的长期预报和短期预报。

(3) 城市布局的避震减灾措施。它是最经济、最有效的抗震减灾措施，主要包括选择地势平坦开阔的地方作为城市用地，尽量避开断裂带、液化土等地质不良地带；建筑群布局时保留必要空间与间距；城市规划中保证一些道路宽度；充分利用绿地、广场等作为地震时疏散场地。

2. 风灾预防

加强台风的监测和预报，是减轻台风灾害的重要措施。对台风的探测主要是利用气象卫星。在卫星云图上，能清晰地看见台风的存在和大小。利用气象卫星资料，可以确定台风中心的位置，估计台风强度，监测台风移动方向和速度，以及狂风暴雨出现的地区等，这对防止和减轻台风灾害起关键作用。

龙卷风的防范：在家时，务必远离门、窗和房屋的外围墙壁，躲到与龙卷风方向相反的墙壁或小房间内抱头蹲下。躲避龙卷风最安全的地方是地下室或半地下室。在电杆倒、房屋塌的紧急情况下，应及时切断电源，防止电击或引起火灾。野外遇龙卷风时，应就近寻找低洼地并伏于地面，但要远离大树、电杆等；千万不能开车躲避，也不要在汽车中躲避，应立即离开汽车，到低洼处躲避。

目前将土木工程设计成能直接抵御风灾的破坏是很难的。但在容易发生风灾的地区，将屋面板、屋盖、幕墙等加以特殊锚固是必要的。

3. 地质灾害防治

防治滑坡的具体措施有：改变滑坡体外形、消除和减轻地表水和地下水的危害；降低孔隙水压力和动水压力，防止岩土体的软化及溶蚀分解，消除和减少水的冲刷和浪击作用。具体做法为：可在滑坡边界修截水沟，防止外围地表水进入滑坡区；在滑坡区内，可在坡面修筑排水沟；在覆盖层上可用浆砌片石或人造植被铺盖，防止地表水下渗；对于岩质边坡还可用喷混凝土护面或挂钢筋网喷混凝土。

通过一定的工程技术措施，改善边坡岩土体的力学强度，提高其抗滑力，减少滑动力，常用措施有：削坡减载、用降低坡高或放缓坡角来改善边坡的稳定性；边坡人工加固，如采用挡土墙、钢筋混凝土抗滑桩、预应力锚杆或锚索、固结灌浆或电化学加固，边坡柔性防护技术等。

地面塌陷是指地表岩、土体在自然或人为因素作用下向下陷落，并在地面形成塌陷坑的自然现象。事前采取一些必要措施，避免或减少灾害的损失。

（1）采取措施减少地表水的下渗。统计分析表明水是塌陷发生不可忽视的触发因素之一：首先应注意雨季前疏通地表排水沟渠，降雨季节时刻提高警惕，加强防范意识，发现异常情况及时躲避；加强地下输水管线的管理，发现问题及时解决；做好地表和地下排水系统的防水工作。

（2）合理采矿。科学合理的采矿方案，可以防止或减少塌陷的发生。

（3）防治结合，加强工程自身防护能力。例如缩短变形缝、防渗漏；对勘察工作确定的重点塌陷危险区，坚决采取搬迁措施。

4. 其他土木工程灾害防治

除了自然灾害外，一些人为灾害给人类造成的损失也非常惨重。人为灾害主要是由于管理失误或漠视安全生产造成的，如火灾和因质量问题造成的质量不达标工程等。对于这类土木工程灾害的预防主要是加强安全意识和安全管理。

预防火灾的基本原则：严格控制火源、监视酝酿期特征、采用耐火材料、阻止火势的蔓延、限制火灾可能发展的规模、组织训练消防队伍、配备相应的消防器材，做好预见性防范和应急性防范两个方面的工作。

对工程质量问题则应从源头上加以预防，对工程设计人员、施工人员等加强安全意识的培养，加强法治教育。做到精心设计、精心施工，以确保工程质量，严厉查处质量不达标工程，防止事故发生。

10.3　建筑物检测与加固

10.3.1　意义和范围

20世纪50年代以来，世界各国建造了大批办公楼、厂房和公共建筑等钢筋混凝土结构物。由于各种原因，许多建筑在使用过程中存在这样或那样的问题，有些甚至已相当严重，危及结构安全。由于土建工程投资较大，尽管有些建筑存在一些问题，但不会因此拆除重建，而是采用维修和加固的办法，恢复其承载力。这样既可以确保建筑继续安全使用，又可以节省大笔建设资金。

目前，在发达国家建筑维修与加固已成为建筑业的重要组成部分，如在丹麦，用于维修与加固工程和新建工程的投资比例达到6∶1。我国建筑已由大规模新建转向了新建和维修与加固并重。

一般来说，在下列情况下要对建筑进行检测与加固。

① 由于使用不当、年久失修、结构有损伤破坏、不能满足目前使用要求或安全度不足时。

② 由于设计或施工中发生差错引起工程质量事故时。

③ 由于灾害性事件的影响，结构产生开裂和破坏时（例如地震、台风和火灾等影响后）。

房屋结构
加固常用
技术汇总

④ 对一些重要的历史性建筑、有纪念意义的建筑需要进行保护时。

⑤ 当对建筑物进行改建、扩建和加层时。

⑥ 在对建筑物进行装修中需对结构构件布置有重大改变而影响原结构受力体系时。

⑦ 当在已有建筑附近有深大基坑开挖，并且这种开挖会引起土体位移进而会对基坑周围的已有建筑产生有害影响时。

10.3.2 结构检测与加固程序

施工工艺案例分享_学校加固改造

（1）建筑结构检测

建筑结构的检测主要包括如下内容。

① 收集原有的设计和施工资料，进行结构材料力学性能的检测。

② 完损性主要是指建筑结构目前的破损状态，评定完损性等级主要是为维修和加固提供依据，主要以外观检查为主。

③ 安全性主要是指构件和结构的安全程度，鉴定安全性主要是为构件和结构的加固提供依据，主要是以内力分析为主。

（2）制定结构加固方案

有了完损性评价结果和安全性鉴定结果后，就可以制定具体的加固方案。这时应综合考虑多种因素，最主要的是建筑物的使用要求和可能的加固施工条件。

（3）绘制结构加固施工图

根据加固方案进行施工图设计，特别要注意加强新老结构之间的连接，保证协同工作，并注意被加固结构在施工期间的安全。

（4）工程验收

工程验收是工程项目中的最后一道程序，也是至关重要的一环。在工程施工完成后，有关人员要进行工程验收，包括检验施工是否与设计相符，结构的承载和力学性能等方面是否符合实际要求。

10.4 建筑物平移

10.4.1 概述

如何平移一栋建筑？

建筑物平移是指在保持房屋整体性和可用性不变的情况下，将其从原址移到新址，包括纵横向移动、转向或者移动加转向。建筑物的整体平移是一项技术含量较高，具有一定风险性的工程，要求通过平移和转动，不仅使移位后的建筑物能满足规划、市政方面的要求，而且还不能对建筑物的结构造成损坏，在移动过程中，对一些重要的结构（如基础）所造成的损伤，应当给予补强和加固。

第10章　土木工程防灾与建筑物加固及平移

建筑物的平移在国外已有100多年的历史，在我国也有近几十年的发展实践。该项技术与拆除重建相比具有明显的优势，能为社会带来较大的经济效益，避免造成浪费。我国目前正处于前所未有的大规模基础设施建设时期，但这个过程往往伴随着原有历史建筑物保护以及一些新建大型建筑物拆迁，如果对有条件的建筑物采取整体平移，可起到事半功倍的效果。

建筑物整体平移在国内外已有许多成功的实践。例如1998年，美国的一所豪华别墅，建筑面积约1100m^2，从博卡罗顿长途跋涉100多千米到皮斯城，建筑物在进行顶升托换时用了64个150kN千斤顶，这项平移工程的特殊之处在于其在行进过程中必须经过一条运河，在这段路程上采用一艘特殊的船体作为运输工具，通过调节船中的水量来保证该建筑物从陆地到船上的平稳性。在我国，建筑物平移工程也越来越多，如2001年南京江南大酒店的平移，2019年厦门后溪长途汽车站平移等。

10.4.2　建筑物平移的原理及施工过程

1. 建筑物平移的原理

建筑物的平移就是将建筑物上部结构托换到整个托架上，形成一个整体，然后在托架下布置轨道和滚轴，再将建筑物与基础切断，这样建筑物成了一个可移动体，然后在牵引设备的动力作用下将其移动到预定的位置上。

2. 建筑物平移的基本施工步骤

（1）将建筑物在某一水平面切断，使其与基础分离，变成一个可搬动的"重物"。
（2）在建筑物切断处设置托换梁，形成一个可托架，其托换梁同时作为上轨道梁。
（3）既有建筑物基础及新设行走基础作下轨道梁，对原有基础进行承载力验算复核，如承载力不满足要求，须经加固后方可作下轨道梁。
（4）在就位处设置新基础。
（5）在上下轨道梁间安置行走机构。
（6）施加顶推力或牵引力将建筑物平移至新基础处。
（7）拆除行走机构，将建筑物上部结构与新基础进行可靠连接。
（8）修复验收。

本章小结

工程灾害包括自然灾害和人为灾害。自然灾害主要包括地震灾害、风灾、水灾、地质灾害等；人为灾害则包括火灾及由于设计、施工、管理、使用失误造成的工程质量事故。对于地震灾害要做好工程性预防措施与非工程性预防措施；面对其他灾害应该加强安全意识和安全管理，防止事故发生。

建筑物在使用过程中由于各种原因，会存在多种问题，甚至危及结构安全，此时可采用结构维修和加固的办法，恢复其承载力，以达到建筑继续安全使用和节省建设资金的目的。在合适的情况下，也可对建筑物进行平移，即在保持房屋整体性和可用性不变的情况下，将其从原址移到新址，包括纵横向移动、转向或者移动加转向。

思考题

1. 如何进行地震灾害的预防？
2. 什么是台风和龙卷风？防范措施有哪些？
3. 简述火灾预防原则。
4. 简述结构检测与加固的程序。
5. 简述建筑物平移的原理。
6. 简述建筑物整体平移的基本施工步骤。

 阅读材料　　　　　南京江南大酒店平移

南京江南大酒店位于南京市模范马路南侧，房屋结构为整体6层，局部7层框架，占地面积约 $700m^2$，总建筑面积 $5424m^2$，大楼总重近8000t。

2001年5月，为了进一步改善城市环境，南京市决定对玄武湖地区进行整体改造，江南大酒店正好位于拓宽后的新马路中间。江南大酒店建成于1995年，连同装修在内总投资是1860万元。如果拆除损失巨大，而且拆除重建至少需要两年时间。因此，有关方面决定将这幢大楼整体向后平行移动26m，而平移费用约为400万元，仅为原大楼造价的1/4。

据该项目的负责人东南大学教授卫龙武介绍："平移总的来说就是将房屋托换到一个支架上，这个托架下部有滚轴，滚轴下部有轨道，然后将房屋与地基切断，房屋就变成一个可移动的物体，最后用千斤顶等设备推动房屋，到达预定位置后固定在新基础上就可以了。"

在平移的过程中，底部经过切断的建筑物将通过托架和滚轴转移到下轨道梁上，然后在15个液压千斤顶的作用下以每小时0.5m的速度向南移至26m处的新基础位置。如图10.8所示。此次平移从5月20日正式开始，当天就平移了2.13m。7天的施工过程中，江南大酒店最多一天"走"了4.24m，平移工程于26日晚上8时全部完成。由于工程中新技术的运用，以及地基的加固，酒店与新基础连接后，其牢固程度不

图10.8　南京江南大酒店平移

第10章 土木工程防灾与建筑物加固及平移

仅不会有丝毫下降，而且抗震能力要比原来有较大地提高。

这次平移工程中对接方法还采用了一项新技术——基础滑移隔震，就是在房屋基础部位设隔震装置，使房屋的主体结构与基础隔开，地震时阻止地震作用向上传递，从而减小上部结构受到的地震力。专为江南大酒店设计的隔震支座能够减少地震力60%左右。大楼桩基也由原来的12m加深到18m。也就是说，楼房整体平移后，其抗震性能不仅没有降低，反而得到较大提高。如果单从抗震角度来说，平移后设置隔震支座的大楼还可以加层。

此次的万吨大楼整体平移，由东南大学特种基础工程公司进行方案设计和工程施工。在这项工程中，除了基础滑移隔震这一新技术是第一次在建筑平移中使用外，还拥有另外两项"第一"。首先，此次平移为了减小大楼在移动中的不均匀沉降，在下轨道梁中采用了预应力技术，这是世界上首次将预应力技术应用到平移工程中；其次，江南大酒店的平移工程建筑面积是当年国内最大的，达 $5424 m^2$。

第11章 现代土木工程与计算机技术

教学目标

本章主要讲述现代土木工程与计算机技术的密切关系，计算机技术在土木工程中的应用及要求。通过本章学习，应达到以下目标。

(1) 熟悉计算机辅助设计的基本概念，了解CAD的基本功能。
(2) 熟悉建筑信息模型的内涵、基本原理和方法。
(3) 了解大型土木工程健康监测的内涵、原理和现有技术。
(4) 了解智慧建造和智慧城市的概念、技术支撑和发展前景。

教学要求

知识要点	能力要求	相关知识
计算机辅助设计	(1) 了解计算机辅助设计的概念 (2) 熟悉不同软件的运行环境与功能 (3) 了解计算机辅助设计在工程实践中的作用	(1) 计算机辅助设计发展过程 (2) 计算机辅助设计的种类与功能 (3) 工程应用中的计算机辅助设计
建筑信息模型	(1) 了解建筑信息模型的内涵 (2) 了解建筑信息模型的技术工具 (3) 了解建筑信息模型在土木工程的应用	(1) 建筑信息模型的概念、组成及基本特征 (2) 建筑信息模型技术工具、架构及数据交换模式 (3) 建筑信息模型在设计阶段、施工阶段和运维阶段的应用
大型土木工程的健康监测	(1) 了解土木工程健康监测的基本概念 (2) 了解传感传输技术和结构损伤识别技术 (3) 熟悉大型土木工程健康监测系统实例	(1) 土木工程健康监测的意义 (2) 传感传输技术在土木工程健康监测中的应用 (3) 结构损伤识别技术的分类

续表

知识要点	能力要求	相关知识
智慧建造与智慧城市	(1) 了解智慧建造的概念体系 (2) 了解智慧建造实例 (3) 了解智慧城市的发展	(1) 智慧建造的支撑技术 (2) 我国的智慧城市建设

 引例   **国家体育场——"鸟巢"**

"鸟巢"采用"绿色设计、人文设计、科技设计"的理念,被誉为"第四代体育馆"的伟大建筑作品,如图 11.1 所示。在国家体育场工程开工初期,项目部就确立了"建立以网络为支撑,业务流程为引导,专项软件应用为基础,信息管理为核心,项目管理为主线,使施工生产与管理实现一体化的施工总承包管理信息集成应用系统"的工作目标。在国家体育场工程信息化建设过程中,与清华大学合作进行建筑工程多方参与协同工作网络平台系统、建筑工程 4D 施工管理系统开发与应用,与中国建筑科学研究院合作进行总承包信息化管理平台系统、钢结构信息化施工系统、远程视频监控系统的开发,由城建集团安装公司承担现场网络硬件系统集成及视频监控、红外安防系统的建设,并承担维护服务工作。

最终,经多方合作国家体育场工程建成了一套覆盖全部施工单位的有线、无线相结合的网络系统,一套由多种软件平台组成的信息化管理平台系统,一套覆盖全部场区的有线、无线相结合的视频监控系统。"鸟巢"设计充分体现体育场馆的时代性和科技先进性,成为展示我国高新技术成果和创新实力的一个窗口。

(a)

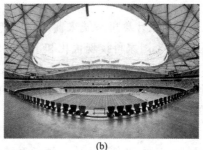
(b)

图 11.1 国家体育场

11.1 计算机辅助设计

11.1.1 概述

计算机辅助设计(Computer Aided Design,CAD)源于 20 世纪 50 年代麻省理工学院林肯实验室研发的 SAGE 防空系统,该系统展现经过计算机处理的雷达及其他信息。1959 年,美国麻省理工学院伊凡·萨瑟兰使用 TX-2 计算机开发了进行人机交互作业的 SKETCHPAD 系统,被普遍认为是计算机辅助设计迈出的第一步。1963 年,美国麻省理工学院在美国计算机联合会上发表的有关计算机辅助设计的 5 篇论文,正式揭开了计算机辅助设计的序幕。

随着现代科学技术的发展和多门学科的结合，在 20 世纪 70 年代产生了新兴交叉学科"计算机绘图"（Computer Graphics，CG）和"计算机辅助设计"。统计资料证明，应用计算机进行辅助绘图和设计后，可以节省大量的人力、物力和财力，并且能充分提高设计效率和质量。目前，著名的 CAD 软件有 AutoCAD、SOLIDEDGE、Unigraphics（UG）等。其中 AutoCAD 是土木工程、建筑设计使用较多的软件，Unigraphics（UG）、SOLID-EDGE 更多地用于汽车与交通、航空航天及机械电子工业等领域。

我国对 CAD 的研究和应用始于 20 世纪 70 年代，在 20 世纪 80 年代中期进入全面开发应用阶段，到 20 世纪 90 年代全国设计勘察单位基本上完成了 CAD 的技术改造。一个建筑结构 CAD 系统的工作过程，包括数据的输入、数据检查、结构分析和设计、计算结果图形显示、施工图绘制等步骤。常用的 CAD 软件包括 PKPM、MIDAS、SAP、3D3S 等。

21 世纪以来，CAD 正逐步进入以人工智能应用为标志的新阶段，即智能化 CAD（Intelligent CAD）。智能化 CAD 以知识为主要处理对象，其软件的开发以知识和经验为基础，计算机运行是根据指定的问题，自行寻找和探索各种可能解决问题的途径和结果。

11.1.2　土木工程 CAD

CAD 是指利用计算机系统来辅助完成产品和工程项目的设计。CAD 技术及其应用水平已成为衡量一个国家科技现代化和工业现代化水平的重要标志之一。由于计算机领域的不断发展，现如今 CAD 已不再局限于辅助设计工程的个别阶段和部分，而是将计算机技术应用到设计的每个阶段和环节，尽可能地应用计算机完成那些重复性高、劳动量大及计算难度大的工作。

CAD 系统由软件系统和硬件系统两部分组成。软件系统包括程序控制系统、数据输入系统、设计、计算和图纸生成。硬件系统包括计算机、信息输入设备与输出设备。下面着重介绍两套具有代表性的 CAD 系统：AutoCAD 和 PKPM。

1. AutoCAD

AutoCAD 是美国 Autodesk 公司推出的通用 CAD 绘图软件，它是二维、三维绘图技术兼备并且具有网上设计的多功能 CAD 软件系统，广泛应用于机械工程、建筑工程、产品造型、服装设计、水电工程等许多领域。1982 年 12 月推出的 AutoCAD1.0 版本在 IBM-PC 机上仅可用来绘图。1988 年推出 AutoCADR10 版已具有完整的图形用户界面和 2D/3D 绘制功能，标志着 AutoCAD 进入成熟阶段，并确立了其在国际 CAD 领域的主流地位。目前，AutoCAD 已经成为土木工程建筑物施工图绘制的主要工具。图 11.2 给出了 AutoCAD 的用户界面。

2. PKPM

PKPM 是由中国建筑科学研究院研究开发的一套集建筑、结构、设备设计于一体的集成化 CAD 软件，目前还包括建筑概预算系列（钢筋计算、工程量计算、工程造价）、施工

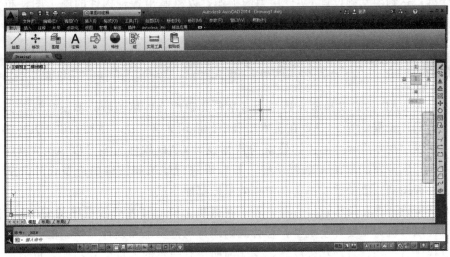

图 11.2　AutoCAD 的用户界面

系列软件（投标系列、安全计算系列、施工技术系列）等（图 11.3）。PKPM 是面向钢筋混凝土框架、排架、框架-抗震墙、砖混以及底层框架上层砖房等结构，适用于一般多层工业与民用建筑、100 层以下复杂体型的高层建筑，是一个较为完整的设计软件。

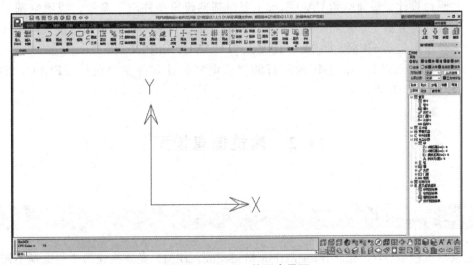

图 11.3　PKPM 的用户界面

其中 PMCAD 软件采用人机交互方式，引导用户逐层对要设计的结构进行布置，建立一套描述建筑物整体结构的数据。软件具有较强的荷载统计和传导计算功能，能够方便地建立起要设计对象的荷载数据。由于建立了要设计结构的数据结构，PMCAD 成为 PK、PM 系列结构设计各软件的核心，可以为各功能设计提供数据接口。

PK 软件则是钢筋混凝土框架、框排架、连续梁结构计算的施工图绘制软件，是按照结构设计的规范编制的。它的绘图方式有整体式与分开绘制式，包含了框、排架计算软件和壁式框架计算软件，并与其他有关软件接口完成梁、柱施工图的绘制，生成底层柱底组合内力均可与 PMCAD 产生的基础柱网对应，直接传过去做柱下独立基础、桩基础或条形基础的计算，达到与基础设计 CAD 接力的工作，以绘制出各种构件的施工图，布置图纸版面与完成模板图的绘制等。

11.1.3　设计应用

土木工程 CAD 的开发和研究是一个多学科知识综合应用领域，涉及数学、力学、计算机图形、软件工程学等。CAD 在土木工程中的应用非常广泛，主要有以下几方面。

（1）建筑与规划设计。国内的建筑与规划设计 CAD 软件大多是以 AutoCAD 为图形支撑平台做二次开发的系统。系列软件一般可以进行建筑和桥梁的造型设计，从二维的平、立、剖面图到三维的透视图甚至渲染效果图都能生成。

（2）结构设计。在结构设计方面，若干在微机上研制开发得较成熟的 CAD 软件均有以下特点：以微机为主要开发机型；符合我国现行规范要求和设计习惯；能与人们所熟悉的计算机程序有关联；自动化程度高，操作简明；有一定的人机交互功能，可适应不同层次的人员使用。

（3）给水排水设计。目前，CAD 在此领域已发展到可以进行室内外给水排水，热水供应，消防，雨水等集绘图和计算为一体。国内给水排水设计软件主要包括 WPM、PLIMBING、GPS 等。

（4）暖通设计。暖通空调 CAD 系统主要由基础建筑条件图子系统、暖通空调制图子系统、工程计算分析子系统和经济分析子系统通过数据库和知识库相互连接共同组成。暖通设计软件主要包括 HPM、CPM、HAVC、THAVC、SPPING 等。

（5）建筑电气设计。目前国内流行的建筑电气设计软件主要包括 TELEC、ELEC-TRIC、EPM、EES 等。

11.2　建筑信息模型

11.2.1　基本内涵

建筑信息模型（Building Information Modeling，BIM）是连接建筑全生命期不同阶段的数据、过程和资源，是对工程对象的完整描述。它通过建立单一工程数据源，解决分布式、异构工程数据之间的一致性和全局共享问题，支持建筑生命期动态的工程信息创建、管理和分享。BIM 技术是对工程项目信息的数字化表达，是继 CAD 技术后出现的建筑领域的又一重要计算机应用技术。

BIM 由产品模型、过程模型和决策模型组成。产品模型是对建筑组件及其关系的表述，包括建筑组件及其复杂的拓扑关系，如建筑构件的空间位置、大小、形状以及相互关系等空间信息和建筑结构类型、施工方案、材料属性、荷载属性、建筑用途等非空间信息。过程模型是建筑物运行的动态模型，包括建筑构件的相互作用、建筑构件在不同时间阶段的属性等。决策模型是人类行为直接和间接对建筑模型与过程模型所产生作用的数值模型。

BIM 基本特征包括模型信息的完备性：基于三维几何模型，建筑信息模型是工程对象的 3D 几何信息和拓扑关系的描述，也是工程对象完整的工程信息的描述，应体现工程对象之间的工程逻辑关系。模型信息的关联性：建筑信息模型以面向对象的方式表示建筑构件，并具有可计算的图形、可描述其行为的数据资料和属性，应支持分析和工作流程，使用软件可识别其各个构件，且工程信息模型中的对象应是可识别且相互关联的，数据应一致且无冗余。模型信息的一致性：建筑生命期不同阶段模型信息是一致的，同一信息不用重复输入，模型中某个对象信息发生变化，与之关联的所有对象会随之更新。

11.2.2　技术工具

BIM 技术工具主要包括各种建模、计算分析和应用软件，可以划分为工具层、平台层和环境层。工具层主要是各种实现建筑、结构、机电及性能等要求的工具，完成一个专业的部分任务，并与专业平台软件进行数据交换，如建筑造型软件、结构分析软件、结构设计软件、给水排水设计软件等。平台层主要包括 BIM 设计平台（专业或任务平台）、BIM 施工平台、BIM 运维平台。环境层主要是管理与服务平台，将功能强大和符合应用习惯的软件工具组成统一的符合建筑产业发展规划。

用于创建 BIM 模型的软件应具备三维数字化建模、非几何信息录入、多专业协同设计、二维图纸生成等基本功能。BIM 模型创建与应用架构主要有集成式和分散式两种（图 11.4）。集成式架构具有形成完整的 BIM 模型，易于提取和集成专业模块，方便模型的变更与传递，可实现构件级别的数据控制、支持过程协同工作和修改、信息交换效率高等优势，但对建模团队要求高、软件水平依存度高及硬件成本高；分散式架构将建模与任务结合，无须专业团队，与现有专业软件结合，硬件投入少，但不能形成完整的 BIM 模型，不能提取子模型和集成，模型变更与传递效率低，无法实现构件级别的数据控制。

BIM 模型数据交换主要有 5 种模式。

（1）利用软件插件进行数据交互。BIM 建模软件本身包括 BIM 模型和插件两部分功能。BIM 建模软件输出的计算原始数据输入计算分析应用软件后，通过手工补充信息，获得计算结果，插件根据计算应用软件输入的计算结果再进行 BIM 模型更新。

（2）利用标准格式进行数据交互。BIM 建模软件将模型信息转化成 IFC 或 gbXML 等标准数据格式，将标准数据输入，通过手工补充信息方式实现数据交互。

（3）利用纯三维模型数据进行交互。BIM 建模软件将模型信息转化成 DWG、DXF、DGN、SAT 等格式的模型数据，将模型数据输入计算分析应用软件，再通过手工补充信息方式实现数据交互。

（4）利用数据文件和数据库等多种方式进行数据交互。BIM 建模软件将模型信息转化成 IFC、DWG、DXF、DGN、SAT 等格式的模型数据，并将其输入应用管理软件；应用管理软件与数据库之间可以进行数据的互用，通过手工补充信息方式，实现 BIM 建模软件、应用管理软件与数据库的交互。

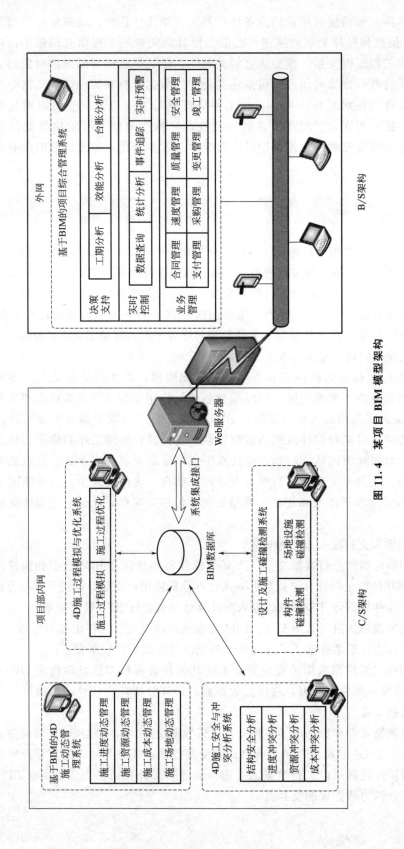

图 11.4 某项目 BIM 模型架构

(5) 综合插件、数据文件和数据库等多种方式进行数据交互。BIM 建模软件本身包括 BIM 模型和插件两部分功能,BIM 建模软件将 BIM 模型信息转化成 IFC、DWG、DXF、DGN、SAT 等格式的模型数据,输入应用管理软件中;应用管理软件与数据库之间可以进行数据的互用,BIM 建模软件中的插件可通过手工补充信息方式实现 BIM 建模软件、应用管理软件与数据库的交互。

11.2.3 技术应用

1. 设计阶段应用

(1) 提供了全新三维状态下可视化的设计方法。BIM 技术下的建模设计过程是以三维状态为基础,绘制的构件本身具有各自的属性,每一个构件在空间中都通过 X、Y、Z 坐标体现各自的独立属性(图 11.5)。

图 11.5 BIM 技术在设计阶段的应用

(2) 提供各个专业协同设计的数据共享平台。在传统条件下各个专业间的建筑模型设计数据不能相互导出和导入,使各个专业间缺乏相互的协作,对于水电、暖通和建筑、结构间的构件冲突都只能在施工过程中进行修改。在 BIM 技术下的设计,各个专业通过相关的三维设计软件协同工作并且建立各个专业间互享的数据平台,实现各个专业的有机合作,可以最大限度地提高设计速度及图纸质量。

(3) 提供设计阶段进行方案优化的基础。在 BIM 技术下进行设计,专业设计完成后则建立起工程各个构件的基本数据,导入专门的工程量计算软件,则可分析出拟建建筑的工程预算和经济指标,能够立即对建筑的技术、经济性进行优化设计。

(4) 实现设计阶段项目参与各方的协同工作。在 BIM 条件下,设计软件导出 BIM 数据,造价单位用 BIM 条件下的三维算量软件平台,按照不同专业导入需要的 BIM 数据,迅速地实现了建筑模型在算量软件中的建立,及时准确地计算出工程量,并测算出项目成本。设计方案修改后,重新导入 BIM 数据,直接得出修改后的测算成本。

2. 施工阶段应用

(1) 虚拟仿真施工。运用 BIM 技术,建立用于进行虚拟施工和施工过程控制、成本控制的模型。该模型能够将工艺参数与影响施工的属性联系起来，以反映施工模型与设计模型间的交互作用（图 11.6）。

 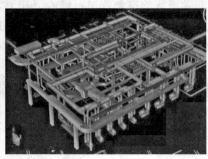

图 11.6　BIM 技术在施工阶段的应用

（2）实现项目成本的精细化管理和动态管理。通过算量软件运用 BIM 技术建立的施工阶段的 5D 模型，能够实现项目成本的精细分析，准确计算出每个工序、每个工区、每个时间节点段的工程量。按照企业定额进行分析，可以及时计算出各个阶段每个构件的中标单价和施工成本的对应关系，实现项目成本的精细化管理。设计变更出来后，对模型进行调整，及时分析出设计变更前后造价变化额，实现成本动态管理。

（3）实现大型构件的虚拟拼装，节约大量的施工成本。例如上海中心建造阶段，施工方通过三维激光测量技术，建立了制作好的每个钢桁架的三维尺寸数据模型，在计算机上建立钢桁架模型，模拟构件的预拼装，取消桁架的工厂预拼装过程，节约大量的人力和财力。

（4）各专业的碰撞检查，及时优化施工图。通过建立建筑、结构、设备、水电等各专业 BIM 模型，在施工前进行碰撞检查，可以及时优化设备、管线位置并提高施工效率。同时借由 BIM 技术的三维可视化功能，可以直接展现各专业的安装顺序、施工方案以及完成后的最终效果。

（5）实现项目管理的优化。通过 BIM 技术建立施工阶段三维模型能够实现施工组织设计的优化。在施工中，还可以根据建筑模型对异形模板进行建模，准确获得异形模板的几何尺寸，用于进行预加工，减少施工损耗。同样可以对设备管线进行建模，获取管线的各段下料尺寸和管件规格、数量，使得管线尺寸能够在加工厂预先加工，实现建筑生产的工厂化。

（6）能够实现可视化条件下的装饰方案优化。通过 BIM 技术下三维装饰深化设计，可以建立一个完全虚拟真实建筑空间的模型。业主或者建筑师能够在像现实中建好的房屋一样的虚拟建筑空间内漫游。通过虚拟太阳的升起降下过程，人们可以在虚拟建筑空间内感受到阳光从不同角度射入建筑内的光线变化，而光线带给人们的感受在公共建筑中往往显得尤为重要。

3. 运维阶段应用

（1）提供空间管理。空间管理主要应用在照明、消防等各系统和设备空间定位，利用 BIM 将建立一个可视三维模型，所有数据和信息可以从模型获取调用。例如装修的时候，可快速获取不能拆除的管线、承重墙等建筑构件的相关属性。

(2) 提供设施管理。在设施管理方面，主要包括设施的装修、空间规划和维护操作。利用 BIM 技术能够提供关于建筑项目协调一致的、可计算的信息，该信息可降低业主和运营商由于缺乏交互操作性而导致的成本损失。此外还可通过远程控制，充分了解设备的运行状况，为业主更好地进行运维管理提供良好条件。

(3) 提供隐蔽工程管理。在建筑设计阶段有一些隐蔽的管线信息是施工单位不予关注的，基于 BIM 技术的运维可以管理复杂的地下管网，如污水管、排水管、网线、电线以及相关管井，并且可以在图上直接获得相对位置关系。当改建或二次装修时可以避开现有管网位置，便于管网维修、更换设备和定位。

(4) 提供应急管理。公共建筑、大型建筑和高层建筑等作为人流聚集区域，突发事件的响应能力非常重要，通过 BIM 技术对突发事件管理，包括预防、警报和处理。

(5) 提供节能减排管理。通过 BIM 结合物联网技术的应用，使得日常能源管理监控变得更加方便。通过安装具有传感功能的电表、水表、煤气表后，可以实现建筑能耗数据的实时采集、传输、初步分析、定时定点上传等基本功能，并具有较强的扩展性。如图 11.7 所示。

图 11.7　BIM 技术在运维阶段的应用

11.3　大型土木工程健康监测

11.3.1　基本概念

土木工程结构在实际使用过程中，会出现不同程度的损伤或性能退化。造成这些损伤和退化的可能原因有：设计不完善，施工质量问题，荷载超出设计标准，受到强地震、强风和火灾等作用，或长期的环境侵蚀等。结构发生损伤或退化后，将影响其承载能力和耐久性，甚至引发严重的工程事故，带来重大的人员伤亡和经济损失，产生恶劣的

桥梁监测视频

社会影响。因此,为了保障结构的安全性、耐久性和适用性,需要通过某种手段,对使用中的结构性能进行检查和监测,评估其健康状态,必要时及时采取修复或加固措施。

随着现代传感技术、计算机与通信技术、信号分析与处理技术及结构动力分析理论的迅速发展,人们提出了土木工程结构健康监测的概念。就如同听诊器、X光、CT的发明给人类医学带来的进步,土木工程结构健康监测技术也将给土木工程的发展带来革命性的变化。

结构健康监测(Structural Health Monitoring,SHM)指利用现场的无损传感技术,通过包括结构响应在内的结构系统特性分析,达到检测结构损伤或退化的目的。结构健康监测系统通常由数据采集传输系统和数据处理分析系统构成。数据采集传输系统通过安装在结构上的各种传感器,采集结构的各种响应信号,并传输给数据处理分析系统;数据处理分析系统对采集到的数据信号进行分析,判断结构的实际健康状态,必要时对结构损伤发出预警。其基本思想是通过测量结构在超常荷载前后的响应来推断结构特性的变化,进而探测和评价结构的损伤,或者通过持续监测来发觉结构的长期退化。

大型土木工程结构健康监测是一个实时的,又是一个长期的过程,贯穿了其施工阶段和服役阶段,包括健康监测方案的制订、监测测点的布置、监测数据的采集、损伤识别、损伤部位的加固和修复。

大型土木工程结构健康监测系统在国内外主要应用于大跨度桥梁工程,如我国的上海徐浦大桥等。一些大坝和大跨度空间结构也安装了结构健康监测系统,如三峡大坝、深圳市民中心、北京国家游泳中心等。

在上海徐浦大桥上安装的带有研究性质的结构状态监测系统,其目的是获取大型桥梁健康监测的经验,监测内容包括车辆荷载、中跨主梁的标高和自振特性,以及跨中截面的温度和应变、斜拉索的索力和振动水平。

结构健康监测的核心是传感器硬件技术和结构损伤识别技术。对结构环境、荷载和响应的准确测量要由高水平的传感技术来实现,这些测量数据也是结构健康诊断的依据。结构损伤识别技术是结构健康诊断的手段。在设计结构健康监测系统时,出于经济性的考虑,要以尽量少的传感器个数,合理化布置测点位置,来实现监测的目的。

11.3.2 传感传输技术

对结构环境和荷载的监测内容一般为温度、风速、交通流、地震加速度、船撞力等,此外根据结构所处环境的特殊性,可能需要监测大气中的某些腐蚀介质浓度、空气湿度等。对结构响应的监测内容主要有应变、挠度、变形或位移、振动加速度、结构关键构件内力(如桥梁支座反力、索承重结构索力)等,此外还有结构的开裂、锈蚀、疲劳等。这些监测都是通过相应的传感器来完成的,传感器有的安装在结构表面,有的需要埋入结构内部。

结构健康监测是伴随结构寿命的长期监测,因此,传感器性能除了要满足测量精度和范围要求之外，还要具有良好的耐久性或可更换性，且监测数据要具有连续性。测量信号的传输目前主要依靠传统的铜导线，而远距离的传输才开始采用光纤。近年来，无线传输技术发展迅速，在结构健康监测系统中也逐渐应用，其可以大大提高传感器布置的灵活性，减少系统布线的工作量。

下面介绍在结构健康监测系统中应用的几项最新的传感传输技术。

1. 光纤传感技术

光纤传感技术是一种以光纤为媒介的检测装置。光在光纤中传播时，光纤的全部或部分所在环境（物理量、化学量等）的变化会带来光传输特性的改变，通过监测光传输特性的改变，就可以测出相应的环境物理或化学量的改变。光纤传感技术同时具有对外界（被测量）信号的感知和传输两种功能，主要优点包括质量轻、体积小、灵敏度高、不受电磁干扰、回路可复用、耐久性好等，因而被认为是未来结构健康监测系统的最有应用前景的传感技术之一。光纤的感测原理一经提出，对其研究进展迅速，现已开发出多种用途的光纤传感器（图11.8）。

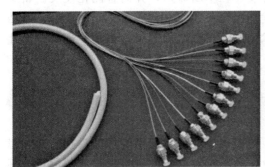 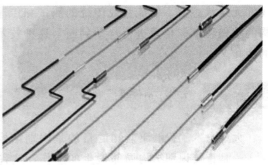

图 11.8　各类光纤传感器

2. GPS 传感技术

对于超高层建筑、大跨度桥梁等大型土木工程结构，测量其几何变形是一个比较困难的问题。因为参考点与被测点距离较远，传统的光学方式测量精度难以满足要求。全球定位系统（GPS）是现代卫星定位技术的代表，被广泛地应用于各个领域，它为桥梁结构健康监测中位移或变形的监测提供了新的手段。

GPS传感技术目前在国内外的许多桥梁结构的监测中已有应用，如我国的青马大桥、虎门大桥和东海大桥等。随着测量精度的进一步提高和价格的下降，GPS传感技术在大型土木工程的结构健康监测中的应用会更加广泛。

3. 无线传感技术

传统的结构监测系统都是有线方式的，即通过导线传输信号。监测系统的信号传输通道数随着传感器数量的增大而相应地增加，这样各传感器与主机之间的电缆线的铺设工程量和成本会越来越高。随着微电子机械系统、无线通信和数字电路集成技术的进步，出现了尺寸较小并能短距离通信的低造价、低能耗、多功能的无线传感器（图 11.9）。无线传感器包括检测单元、处理单元、无线收发单元和电源模块几个部分。

图 11.9　无线传感器

无线传感器因在通信距离、电源供给等方面还不完善，未大规模应用于实际工程结构的健康监测系统。对无线传感技术的研究开发还在不断深入，并向智能化发展。新一代的无线传感器不仅能完成传统的测试和传输功能，还能通过传感器之间的通信，对结构的损伤程度和位置进行自动判断，这种技术的成熟将给结构健康监测技术带来革命性的变化。

11.3.3　结构损伤识别技术

大型土木工程健康监测的目的是识别结构的损伤或退化。识别结构的损伤有两种思路：一是直接识别结构局部发生的损伤，这种方法需要对损伤部位进行直接的测量或观测，传统的结构目测或检测即属于这种方式；二是通过结构整体的某种特性变化来间接推断结构的损伤位置和程度。因为结构损伤发生之前，人们不知道损伤发生的位置，安装了传感器的位置不一定发生损伤，而发生了损伤的位置不一定就有传感器，所以想依靠有限的传感器去直接监测结构局部损伤的发生显然是很困难的。现代的结构健康监测系统（图 11.10）是基于第二种思路的。

结构损伤识别需要解决损伤定位和损伤定量的问题。结构损伤识别方法主要可以分为三类：动力指纹法、模型修正法和人工神经网络等智能方法。

（1）动力指纹法的基本思想是寻找与结构动力特性相关的动力指纹，若结构发生损伤，则结构参数如刚度、质量、阻尼会发生变化，从而引起相应的动力指纹的变化。

（2）模型修正法的基本思想是使用动力测试数据，通过条件优化约束，不断地修正计算模型中的刚度等参数分布，使理论分析得到的结构动态响应尽可能地接近测试值。当两者基本吻合时，即认为此组参数为结构当前参数。结构的损伤常反映为刚度的减小，因此比较当前参数和以前参数的变化，就可对结构损伤进行定位定量。

（3）人工神经网络是模拟人类神经元生物灵性的一种计算模型。神经元之间通过连接系数（权值）相连而形成一个完整结构。其用于损伤监测的基本原理是：首先对结构进行分析，获得结构在不同损伤状态下的动态特性，从而构造神经网络的学习样本集；

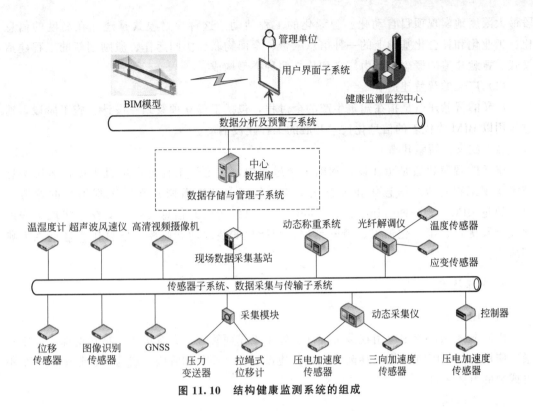

图 11.10　结构健康监测系统的组成

然后将样本集送入神经网络进行训练，建立输入参数与损伤状态之间的映射关系，得到用于结构损伤监测的神经网络；最后将待监测结构的动力参数输入网络，就可得出损伤信息。

目前，结构健康监测系统多停留在数据采集和简单数据分析阶段，对系统测得的大量数据与信息进行整合与解释仍存在较大困难。结构安全预警是结构健康监测系统的重要功能之一，如何通过监测得到的动静力数据进行结构安全状态的判别，仍处于研究探索阶段。目前，主要是通过上述的结构损伤识别方法对结构的损伤状态进行判别，将损伤结构状态与结构设计安全限值进行比较，做出预警判断，然而在实际工程中，由于存在诸如测量数据受到温度、车辆和风荷载以及测量噪声等影响因素，致使这些方法在实际结构健康监测系统中的运用效果不太理想。

11.4　智慧建造

11.4.1　基本概念与支撑技术

1. 智慧建造

智慧建造是一种新兴的工程建造模式，指在工程建造过程中运用信息化技术方法、手段最大限度地实现项目自动化、智慧化的工程活动。这种建造模式是建立在高度的信息化、工业化和社会化基础上的一种信息融合、全面物联、协同运作、激励创新的工程建造模式。智慧建造的概念体系由广义和狭义两种类型构成。

(1) 广义的智慧建造

广义的智慧建造是指在建筑生产的全过程，包括工程立项策划、设计、施工阶段，通过运用以 BIM 为代表的信息化技术开展的工程建设活动。

(2) 狭义的智慧建造

狭义的智慧建造是指在设计和施工全过程中，立足于工程建设项目主体，运用信息技术实现工程建造的信息化和智慧化。狭义的智慧建造着眼点在于工程项目的建造阶段，通过 BIM、物联网（Internet of Things，IoT）等新兴信息技术的支撑，实现工程深化设计及优化、工厂化加工、精密测控、智能化安装、动态监控、信息化管理这六大典型应用。

2. 支撑技术

(1) BIM 技术

BIM 技术被广泛地应用在深化设计、施工工作面管理、方案优化、物料追踪、精细算量等应用场景。BIM 应用正逐渐融入工程建设的各个环节和阶段，成为工程建造的一个不可或缺的重要手段。

(2) 物联网

物联网是通过装置在各类物体上的各种信息传感设备，如射频识别（RFID）装置、二维码、红外感应器等装置与互联网或无线网络相连而成的一个巨大网络。其目的是让所有的物品都与网络连接在一起，方便智慧化识别、定位、跟踪、监控和管理。

(3) 云计算

在工程建设过程中，云计算作为基础应用技术是不可或缺的。物联网、移动应用、大数据等技术的应用过程中，普遍搭建云服务平台，实现终端设备的协同、数据处理和资源的共享。传统信息化基于企业服务器部署的模式逐渐被基于公有云或私有云的信息化架构模式所取代，特别是一些移动应用提供了公有云。用户只需要在手机上安装 APP，避免施工现场部署网络服务器，简化了现场互联网应用，有利于现场信息化的推广。

(4) 移动互联网

移动互联网（Mobile Internet，MI）是一种通过智能移动终端，采用移动无线通信方式获取业务和服务的新兴业态，包含终端、软件和应用三个层面。移动应用对于建筑施工现场管理有天然的符合度，项目管理人员的工作地点一般在施工生产现场。基于 PC 的信息化系统难以满足走动式办公的需求，移动应用解决了信息化应用最后一公里的尴尬。移动应用被广泛地应用在现场即时沟通协同、现场质量安全检查等方面。同时移动应用与物联网技术、BIM 技术的集成，在手机应用协同管理工作得到深度应用，产生了极大的价值。

(5) 大数据

随着智慧工地的实施与应用，更多的物联网、BIM 技术被引入，建设项目产生的数据将成倍地增加。以一个建筑物为例，一栋楼在设计施工阶段大概能产生10T的数据，如果到了运维阶段，数据量还会更大。这些数据充分体现了大数据的四个特征：多源、多格式、海量及高速等。对这些数据进行收集整理并再利用，可帮助企业更好地预测项目风险，提高决策能力，也可帮助业务人员分析提取分类业务指标，并用于后续的项目。例如从大量预算工程中分析提取不同类型工程的造价指标，辅助后续项目的估算。

11.4.2 工程实例

1. 工程概况

北京大兴机场位于永定河北岸，北京市大兴区榆垡镇、礼贤镇和河北省廊坊市广阳区之间，距天安门广场直线距离约46km，距离廊坊市市中心直线距离26km（图11.11）。新机场航站楼核心区工程建筑面积约60万平方米，地下2层，地上局部5层，主体结构为现浇钢筋混凝土框架结构，局部为型钢混凝土结构，屋面及其支撑系统为钢结构。航站楼项目由旅客航站楼、换乘中心和综合服务楼与停车楼三部分组成，总建筑面积达103万平方米。

图 11.11　北京大兴机场

2. 智慧工地集成管理平台

根据机场项目部信息化建设的现状，结合行业信息化发展方向，机场智慧工地集成管理平台的总体功能规划包括以下四个方面：可视化数据展现、应用业务系统集成导航、平台数据管理、平台系统管理。通过该平台能够将机场的应用系统数据和仪器设备采集数据通过可视化手段集中展现。

机场项目部通过将新兴信息技术与先进工程建造技术有机融合，推进项目信息化建设与科技开发工作。规划和研发了北京大兴机场智慧工地信息化管理平台，为项目实现信息化、精细化、智能化管控提供支撑平台。克服了建造过程中的种种困难，顺利实现了混凝土结构提前封顶，钢结构按时封顶。

11.5　智慧城市

11.5.1　概述

智慧城市经过在我国的实践发展，概念更加本土化，建设理念进一步深化，内涵不断丰富，我国《国民经济和社会发展第十三个五年规划纲要》更是首次出现了新型示范性智慧城市的概念。智慧城市建设发展到了新的阶段，成为针对现实的城市治理难题和社会发展需要的系统工程。这项工程以最新的信息技术为基础，以提升人民幸福感和满意度为己任核心，其实质是改革创新，通过技术的创新和应用，实现城市治理和服务的紧密联系。进行智慧城市建设不仅要强调基础设施和技术支撑与应用的作用，还要推动技术进一步创新和发展，推动公共服务的智慧化，提升城市公共服务和治理水平，提高人民生活的便捷度与满意度。

11.5.2　建设情况

我国很多城市将推进智慧城市建设作为发展战略性新兴产业、提升城市运行效率和公共服务水平、实现城市跨越式发展的重要契机，相继提出了智慧城市的发展方向，并着手规划建设。据统计，我国共有154个城市提出建设智慧城市。其中北京、上海、天津三个直辖市提出了智慧城市规划，10个副省级城市、31个地级市分别在其"十二五"规划或政府工作报告中正式提出建设智慧城市。北京、上海、广州、南京、武汉、长沙、宁波、苏州、扬州、佛山、汕尾、株洲、湘潭、新乡等还专门发布了智慧城市建设的相关规划、意见、决定或实施方案。下面是北京市智慧城市建设情况。

1. 基础设施

"十三五"时期，北京市智慧城市建设以"大数据行动计划"为主线，在基础设施建设方面取得了长足的进步。北京在过去的十几年，历经数字北京、智慧北京等阶段，随着大数据进行一系列"入云""上链""汇数""进舱"核心底座搭建的完成，以"筑基"为核心的北京智慧城市1.0建设已基本完成，全域应用场景开放和大规模建设的北京智慧城市2.0建设阶段已具基础。与此同时，智慧城市基础设施建设继续加速推进。圆满完成世园会、大兴国际机场、金融街等重点区域及部分市区人口密集区共2.6万个5G基站建设，支撑无人车、高清直播等应用场景。

2. 智慧治理

北京的交通、大气污染等近些年一直是大众关注的焦点，智慧城市战略让城市治理能力和治理水平得到显著提升。通过创新智慧交通基础设施建设模式，依托城市副中心宋梁路示范工程，建立智慧路网建设与基础设施同步模式，使长久以来的交通问题得到了有效改善。建立了覆盖全市乡镇（街道）的粗颗粒物自动检测、水环境质量监测、土壤环境监测网络，建成京津冀及周边地区大气污染联防联控信息共享交换平台。有序推进城市大脑赋能基层管理，海淀城市大脑对危化品车辆、渣土车辆重大逃逸刑事案件的刑事侦办率已达100％。此外，"雪亮工程"与网格化服务工作紧密联系，将"全面覆盖、无一死角"的治安防范措施向基层延伸。

3. 智慧服务

北京市智慧城市建设倡导"以人为本"的理念，推动智慧服务能力不断提高。网上政务管理服务平台已覆盖市、区县、街区（乡镇）、村（社区）四级政务服务网络系统。市区二级行政管理公共服务项目上网可办理率已达90％以上，推行了掌上办、自助办、智能办等多维度服务方式。2020年以来，通过应用大数据分析，成功开发"北京健康宝"小程序，累计为5459.32万人提供了约40.27亿人次的市民健康资讯服务。在就医、教育、康养、社保、就业、文旅等民生服务领域开展智能应用技术服务工作，基本形成普惠便民、公平高效的信息技术惠民服务体系，使人民群众极大地享受到了获得感、幸福感。

4. 智慧产业

将产业智慧化，是北京市智慧城市建设一直以来探索的领域并取得了不错的成效。在北京中关村、亦庄等地区，已集聚并培养了一大批在物联网、云计算、虚拟现实、人工智能、大数据分析、网络安全等领域的初创企业和领军公司。在《2020胡润全球独角兽榜》中，北京市以落地93家独角兽企业的总数荣登全球城市第一名，上市公司达到96家，总资产市值规模达19.05万亿元，位居全国第一。软件与信息技术服务业产业占全市GDP比重达到了13.5％，云计算、大数据、人工智能、区块链等技术水平国内领先。

本章小结

在设计过程中，人们可以通过计算机辅助设计软件将创造性的思维活动，转化成计算机可处理的模型和程序，由计算机承担计算、信息存储和制图等工作。随着技术更新与科技发展，人们不仅可以通过建筑信息模型软件对建筑全生命期不同阶段的数据、过程和资源，进行描述、观察和监测；同时希望实现机器智能，从而使现有的计算机计算更加灵活。由于社会发展需求和国家发展需要，健康监测和智慧建造也随着计算机技术的融合应运而生。结构健康监测通过结构中的传感器网络来实时获取结构对环境激励（人为或自然）的响应，并从中提取结构损伤和老化信息，为结构的使用和维护工作提供参考；智慧建造通过各项计算机技术（BIM技术、云技术等）支撑，去实现更高效、更精细、更可控的建造，使工程项目趋于信息化、自动化、智慧化模式。

思考题

1. BIM 数据交换主要有哪几种模式？
2. 建筑信息模型技术能应用在哪些地方？
3. 什么是结构健康监测？
4. 通常的土木工程结构的监测内容有哪些？
5. 智慧建造的概念是什么？
6. 智慧建造依靠哪些技术？
7. 什么是智慧城市？

 阅读材料   **甬舟铁路金塘海底隧道结构健康监测**

结构健康监测是指对工程结构实施损伤检测和识别。

甬舟铁路西起宁波东站，经宁波市鄞州区、北仑区，舟山市金塘岛、册子岛、富翅岛至舟山本岛舟山站，线路全长 76.774km，设计时速为 250km。金塘海底隧道西起宁波市北仑区青峙化工码头西侧，东至舟山市金塘岛木岙区间水域，采用单洞双线盾构法，两岸采用矿山法施工。隧道全长 16.2km（其中海中段 11.2km，盾构隧道长 11.21km，矿山法隧道长 4.93km，明挖工作井长 0.04km），最大埋深 85m，直径 14m，隧道最大水压约 0.85MPa，是世界上最长、承受水压最高的海底高铁隧道。

健康监测指标能够反映结构的受力性能与损伤程度。甬舟铁路金塘海底隧道结构健康监测指标包括管片外部水土压力、混凝土应力、螺栓轴力、管片与内衬间接触压力、隧道变形及沉降等。同时依据工程类比、勘察设计资料，综合考虑地质条件、线形变化、周边环境等因素，确定了 11 个监测断面、338 个测点。考虑后期规划下穿的公路隧道施工、软硬不均地层、海底冲刷、淤积演变频繁、纵坡变化等因素引起差异沉降显著，选取 6 个沉降区段进行监测，布设 104 个测点。在使用阶段将通过这些指标测点动态监控隧道结构健康状态，辅助铁路隧道运维养护决策，延长隧道服役寿命。

为保障隧道内通信信号稳定，隧道内前端光纤光栅传感器采用多芯光缆引入盾构隧道下腔廊道，接入解调仪，然后借助网络通信信号上传至数据库，用户端通过数据管理平台对监测数据进行调用、可视化展示、分析及预警，评估隧道结构安全状况，辅助隧道运维养护决策。

监测系统主要包含工程信息可视化、监测信息配置、监测数据管理、结构安全状态评估、故障诊断和数据接口等功能模块，可实现用户管理、数据库管理、图形界面展示、表格曲线管理、预警管理等功能，系统功能架构。其中，工程信息可视化包括三维地质模型、三维结构模型和施工数据管理；监测信息配置包括监测检测项目配置、设备信息配置、测点信息配置、数据分析方法配置和评价方法配置；监测数据管理包括数据录入、数据分析和监测报表；结构安全状态评估包括断面安全评价、区段安全评价、整体安全评价和数据动态预警；故障诊断包括故障诊断和故障预警。

参 考 文 献

陈德鹏，阎利，2020. 土木工程材料［M］. 2版. 北京：清华大学出版社.
邱洪兴，2022. 土木工程概论［M］. 3版. 南京：东南大学出版社.
沈祖炎，2017. 土木工程概论［M］. 2版. 北京：中国建筑工业出版社.
王常才，王雷，2019. 桥梁工程［M］. 3版. 北京：人民交通出版社.
王海亮，蓝成仁，2018. 工程爆破［M］. 2版. 北京：中国铁道出版社.
叶志明，2020. 土木工程概论［M］. 5版. 北京：高等教育出版社.
张明义，时伟，2017. 地基基础工程［M］. 北京：科学出版社.